D1920043

Sekundarstufe II

Biosphäre

Klausuren

Neurobiologie

Cornelsen

Biosphäre

Sekundarstufe II, Neurobiologie
Klausuren

Autorinnen und Autoren:
Joachim Becker, Dormagen; Christian Gröne, Lünen;
Michael Linkwitz, Rösrath; Delia Nixdorf, Velbert

Redaktion:
Dr. Peggy Radant

Designberatung:
Katharina Wolff-Steininger, Ellen Meister

Umschlaggestaltung:
SOFAROBOTNIK GbR, Augsburg & München

Layout und technische Umsetzung:
MatMil & Kollegen Buch- und Medienherstellung GbR, Berlin

Grafik:
Karin Mall, Berlin;
Tom Menzel, Scharbeutz;
Hannes von Goessel, Erding

www.cornelsen.de

1. Auflage, 2. Druck 2017

Alle Drucke dieser Auflage sind inhaltlich unverändert und können im Unterricht nebeneinander verwendet werden.

Druck:
H. Heenemann, Berlin

ISBN 978-3-06-420113-2

PEFC
PEFC/04-31-1156

PEFC zertifiziert
Dieses Produkt stammt aus nachhaltig bewirtschafteten Wäldern und kontrollierten Quellen.

www.pefc.de

INHALTSVERZEICHNIS

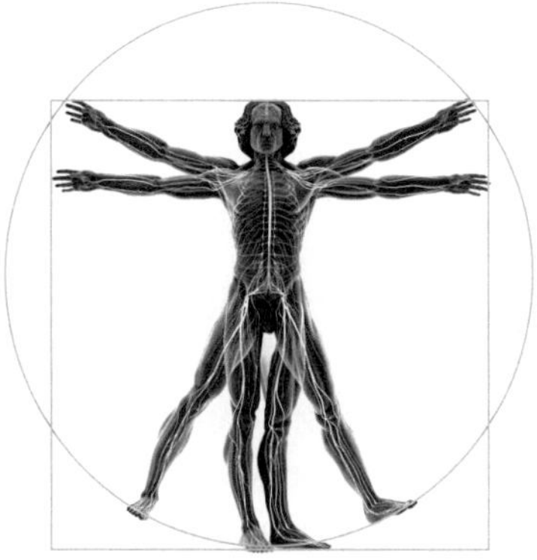

Name:	
Klausur Nr.:	Datum:

Nervensystem und Nervenzellen

Material: Botox

A SNARE-Proteine

Damit die mit Neurotransmittern gefüllten Vesikel ihren Inhalt in den synaptischen Spalt abgeben können, müssen die Vesikel mit der präsynaptischen Membran verschmelzen. Dieser Prozess wird durch mehrere Proteine ausgelöst, die als SNARE-Proteine bezeichnet werden: In der präsynaptischen Membran sind die Proteine Syntaxin und SNAP-25 verankert. Ihre hydrophilen Anteile ragen in das Zytoplasma des Synapsenendknöpfchens. Das SNARE-Protein Synaptobrevin befindet sich an der Vesikelmembran.
Der durch Aktionspotenziale ausgelöste Kalziumioneneinstrom in das Synapsenendknöpfchen wird von einem Sensorprotein in der Membran des Vesikels registriert. Dies bewirkt, dass die SNARE-Proteine aneinander binden und einen SNARE-Komplex bilden. Dadurch werden die präsynaptische und die Vesikelmembran nah aneinandergezogen und verschmelzen. Die Neurotransmitter werden freigesetzt.

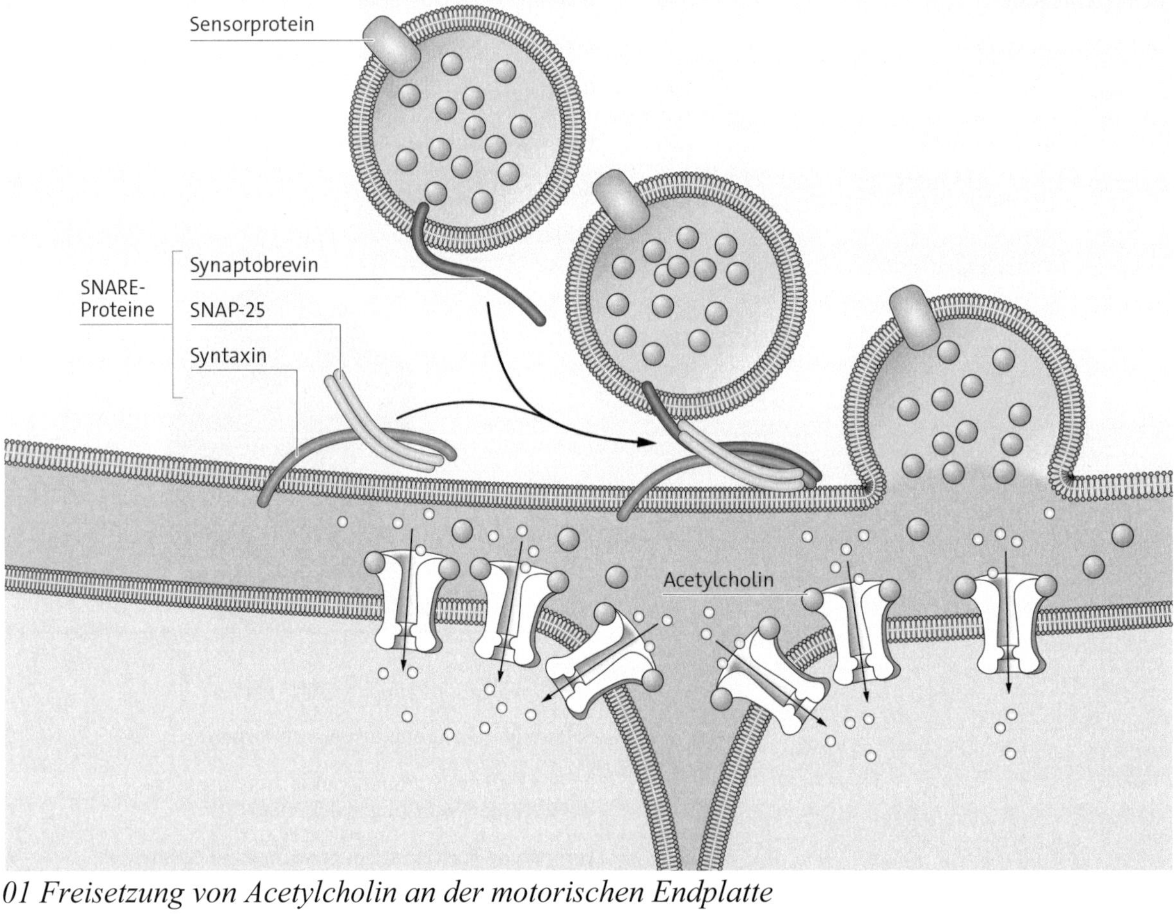

01 Freisetzung von Acetylcholin an der motorischen Endplatte

Name:	
Klausur Nr.:	Datum:

B Wirkung von Botox

Das durch eine Injektion verabreichte Botox wird durch Endozytose über Vesikel in die Nervenzelle aufgenommen. Botox enthält das Botulinumtoxin Typ A. Es besteht aus einer leichten und einer schweren Proteinkette. Das saure Millieu im Vesikel führt dazu, dass sich die beiden Ketten voneinander trennen. Die leichte Kette gelangt in das Zytoplasma und zerschneidet enzymatisch SNAP-25-Proteine. Die Wirkung hält etwa drei Monate lang an. In dieser Zeit kommt es zur Neubildung von Nervenendigungen.

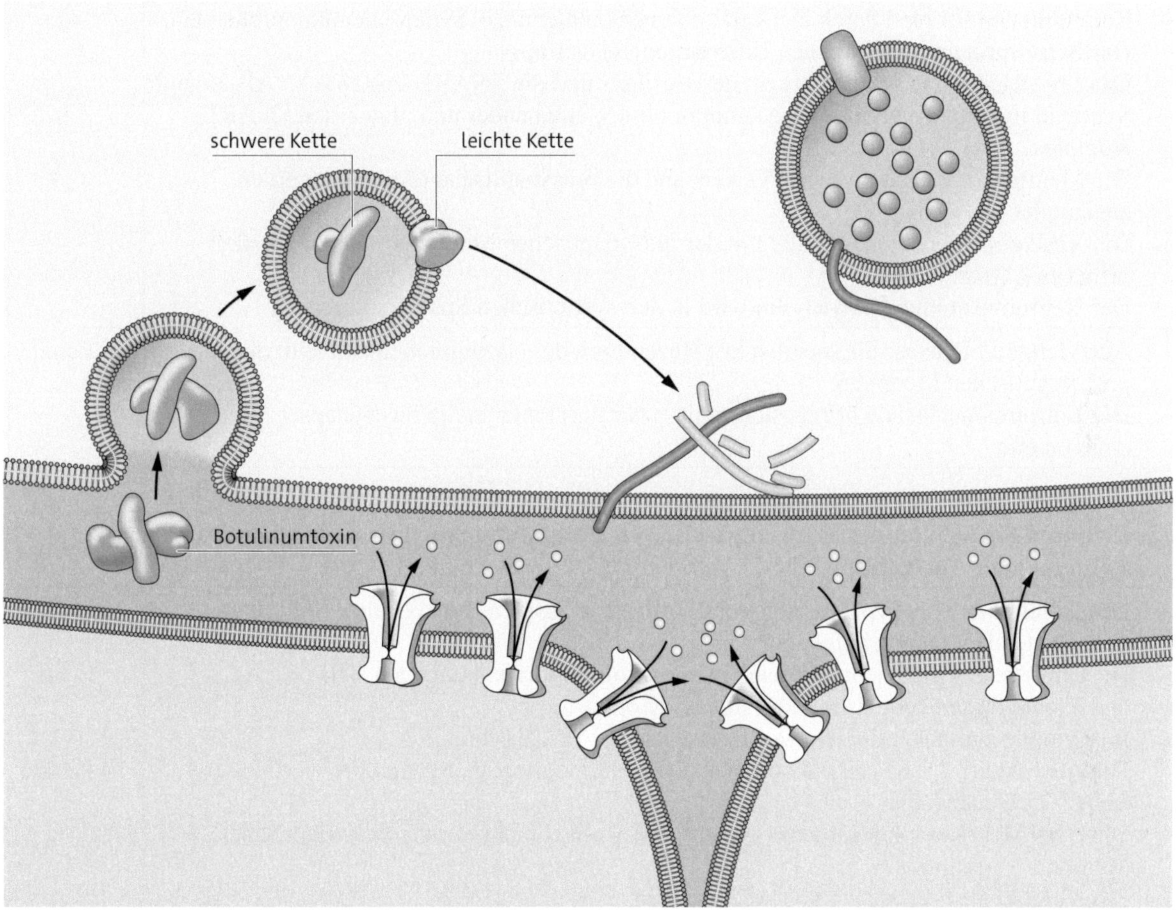

02 Einfluss von Botox auf die Freisetzung von Neurotransmittern

1 Beschreiben Sie die Vorgänge im Synapsenendknöpfchen, die zur Freisetzung von Acetylcholin führen, und erläutern Sie die Auswirkung der Acetylcholinfreisetzung an der Postsynapse! (16 Punkte)

2 Erklären Sie anhand der Wirkungsweise von Botulinumtoxin Typ A, weshalb Botox zur Lähmung der Muskulatur führt! (16 Punkte)

3 Stellen Sie eine Hypothese auf, wie ein Gegengift zu Botox wirken könnte! (8 Punkte)

Nervensystem und Nervenzellen

Material: Botox

	Punkte
1 Beschreiben Sie die Vorgänge im Synapsenendknöpfchen, die zur Freisetzung von Acetylcholin führen, und erläutern Sie die Auswirkung der Acetylcholinfreisetzung an der Postsynapse! (Anforderungsbereiche I und II)	
– Kalziumionenkanäle im Synapsenendknöpfchen öffnen sich aufgrund der Potenzialveränderung durch Aktionspotenziale. – Kalziumionen strömen durch die Kalziumionenkanäle in das Synapsenendknöpfchen ein. – Das Sensorprotein registriert den Kalziumioneneinstrom. – Das SNARE-Protein Synaptobrevin des Vesikels und die SNARE-Proteine SNAP-25 und Syntaxin in der präsynaptischen Membran binden aneinander und bilden den SNARE-Komplex. – Die Membran des synaptischen Vesikels und die präsynaptische Membran werden zueinander gezogen. – Die Vesikelmembran verschmilzt mit der präsynaptischen Membran und das Vesikel öffnet sich (Exozytose). – Der Neurotransmitter Acetylcholin wird in den synaptischen Spalt freigesetzt.	10 Punkte
– Acetylcholin bindet an die spezifischen Rezeptoren der Natriumionenkanäle in der postsynaptischen Membran. – Die Natriumionenkanäle öffnen sich, sodass Natriumionen in die Postsynapse einströmen.	6 Punkte
Gesamtpunktzahl Aufgabe 1:	**16**
2 Erklären Sie anhand der Wirkungsweise von Botulinumtoxin Typ A, weshalb Botox zur Lähmung der Muskulatur führt! (Anforderungsbereiche I und II)	
– Das Botulinumtoxin Typ A wird durch Endozytose aus dem synaptischen Spalt in das Synapsenendknöpfchen aufgenommen. – Die schwere und die leichte Proteinkette des Botulinumtoxins trennen sich. – Die leichte Proteinkette diffundiert in das Zytoplasma. – Im Zytoplasma spaltet die leichte Proteinkette SNAP-25-Proteine.	6 Punkte
– Die Ausbildung des SNARE-Komplexes ist nicht möglich, da Synaptobrevin nicht an SNAP-25 binden kann. – Ohne SNARE-Komplex kann das synaptische Vesikel nicht mit der präsynaptischen Membran verschmelzen. – Es erfolgt keine Freisetzung von Acetylcholin. – Die Muskelzelle wird nicht erregt, der Muskel kann nicht kontrahieren und ist deshalb gelähmt.	10 Punkte
Gesamtpunktzahl Aufgabe 2:	**16**
3 Stellen Sie eine Hypothese auf, wie ein Gegengift zu Botox wirken könnte! (Anforderungsbereiche II und III)	
– Da die leichte Kette des Botulinumtoxins Typ A das SNAP-25-Protein enzymatisch spaltet, handelt es sich um eine enzymatische Reaktion. – Man könnte demnach einen Wirkstoff injizieren, der das aktive Zentrum der enzymatisch wirksamen leichten Kette angreift. – Hierbei handelt es sich um eine kompetitive Hemmung. – Das Gegengift müsste eine stärkere Bindung zum aktiven Zentrum haben als das SNAP-25-Protein oder es müsste in höherer Konzentration zugesetzt werden.	8 Punkte
Gesamtpunktzahl Aufgabe 3:	**8**
Gesamtpunktzahl Material:	**40**

Name:	
Klausur Nr.:	Datum:

Nervensystem und Nervenzellen

Material: Stickstoffmonoxid

A Stickstoffmonoxid als Neurotransmitter

In den letzten beiden Jahrzehnten gewann das Molekül Stickstoffmonoxid, NO, in der medizinischen Forschung zunehmend Aufmerksamkeit, da es in etwa ein bis zwei Prozent der Neuronen des Kortex synthetisiert wird. Es ist ein sehr instabiles und kurzlebiges gasförmiges Molekül. Es reagiert innerhalb weniger Sekunden mit Sauerstoff- und Wassermolekülen zu Nitrit und Nitrat. Aufgrund seiner geringen Größe diffundiert es ungehindert durch Zellmembranen in das umliegende Gewebe. So kann NO in einer postsynaptischen Zelle produziert werden und in der präsynaptischen Zelle wirken. Dies bezeichnet man als retrograde Signalübertragung.

B Synthese und Freisetzung von Stickstoffmonoxid

Durch die Signalübertragung an einer glutamatergen Synapse wird im postsynaptischen Neuron die Freisetzung von Stickstoffmonoxid ausgelöst. Seine Synthese erfolgt durch das Enzym NO-Synthase, dessen Aktivierung in zwei Schritten erfolgt. Zunächst binden Kalziumionen an das Protein Calmodulin und aktivieren es. Im zweiten Schritt bindet das aktivierte Calmodulin an die NO-Synthase. Die aktivierte NO-Synthase katalysiert die Reaktion der Aminosäure Arginin zu Citrullin und Stickstoffmonoxid.

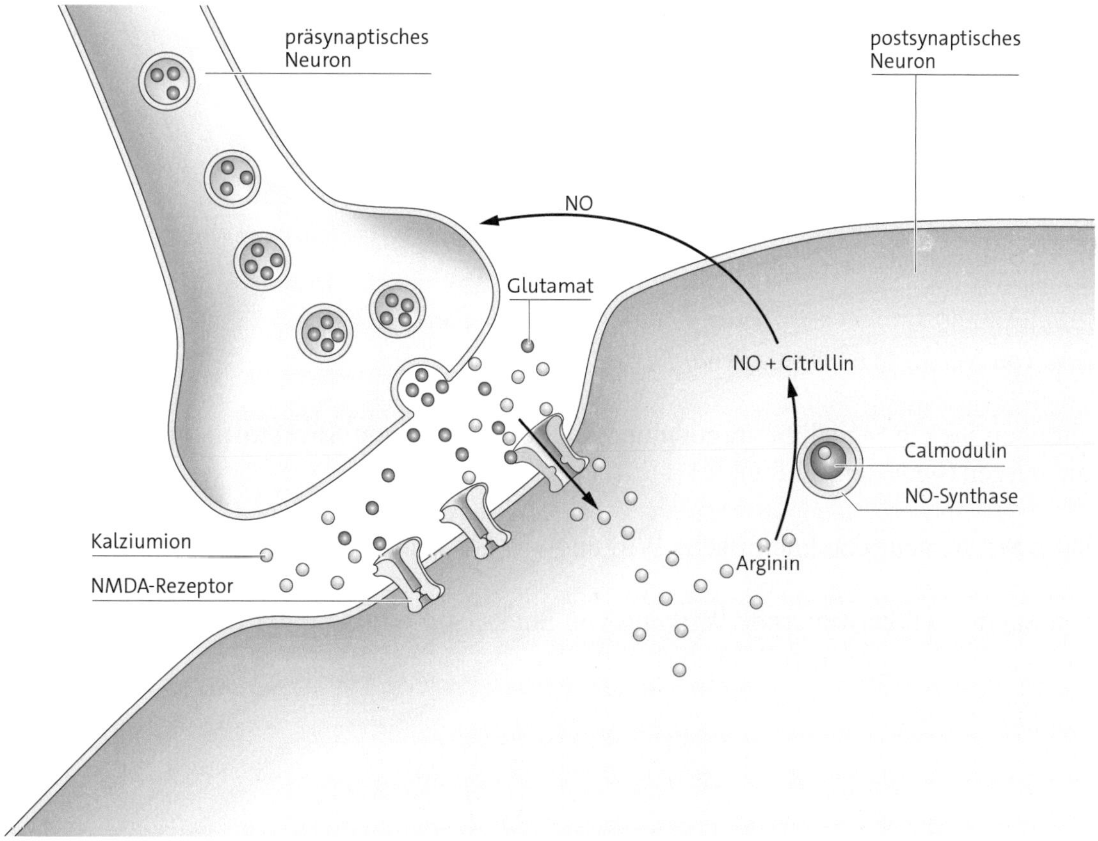

01 Signalübertragung und NO-Freisetzung an einer glutamatergen Synapse

Name:	
Klausur Nr.:	Datum:

C Wirkung von Stickstoffmonoxid

Der Rezeptor für Stickstoffmonoxid ist die Häm-Gruppe des Enzyms Guanylatzyklase im Synapsenendknöpfchen. Durch die Bindung an das zentrale Eisenatom der Häm-Gruppe wird das Enzym Guanylatzyklase aktiviert. Es katalysiert daraufhin die Bildung von zyklischem Guanosinmonophosphat, kurz cGMP, aus GTP. Im nächsten Schritt verhindert cGMP die Öffnung der Kalziumionenkanäle in der Membran des Synapsenendknöpfchens. Somit wirkt Stickstoffmonoxid als Neuromodulator. Es wirkt gefäßerweiternd auf die Mikrogefäße im Kortex und beeinflusst damit die Durchblutung des Gehirns.

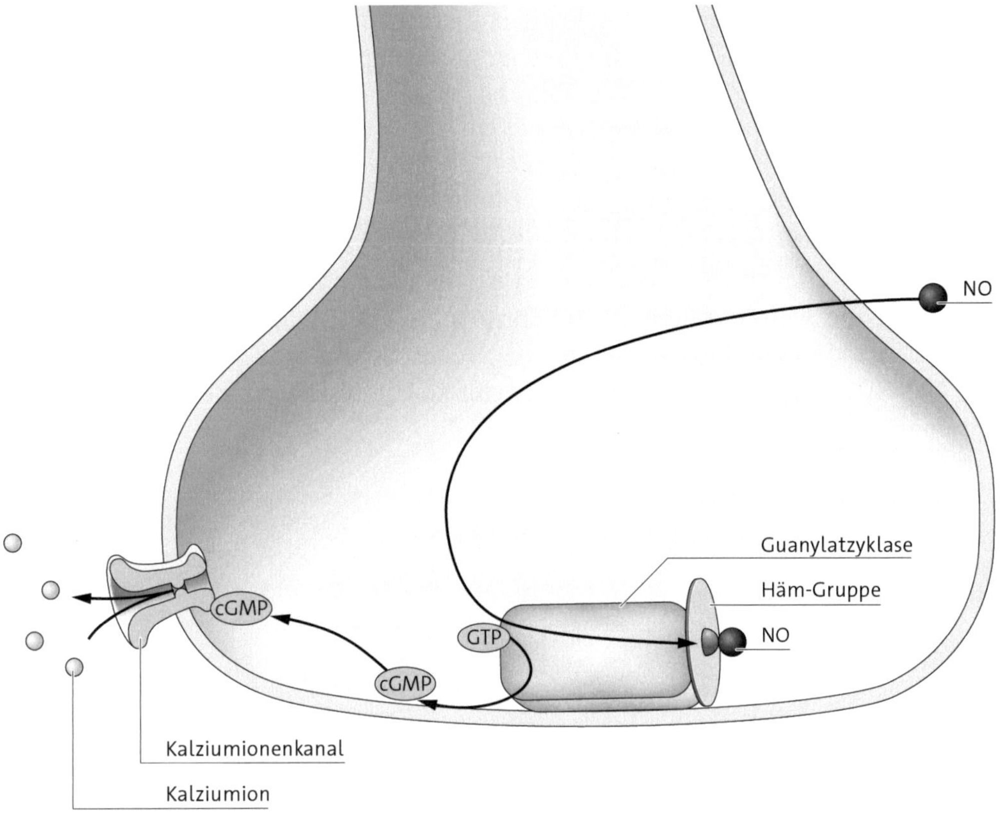

02 Einfluss von NO im Synapsenendknöpfchen

1 Beschreiben Sie die Signalübertragung und die Freisetzung von Stickstoffmonoxid an einer glutamatergen Synapse! (20 Punkte)

2 Erklären Sie die neuromodulatorische Wirkung von Stickstoffmonoxid! (18 Punkte)

3 Deuten Sie die gefäßerweiternde Wirkung von Stickstoffmonoxid unter Berücksichtigung seiner neuromodulatorischen Wirkung! (8 Punkte)

Nervensystem und Nervenzellen

Material: Stickstoffmonoxid

		Punkte
1	**Beschreiben Sie die Signalübertragung und die Freisetzung von Stickstoffmonoxid an einer glutamatergen Synapse!** (Anforderungsbereich I)	
	– Ein Aktionspotenzial erreicht das Synapsenendknöpfchen. – Kalziumionenkanäle in der präsynaptischen Membran öffnen sich und Kalziumionen strömen in das Synapsenendknöpfchen ein. – Synaptische Vesikel mit dem Transmitter Glutamat wandern zur präsynaptischen Membran. – Die Vesikel verschmelzen mit der Membran und öffnen sich (Exozytose). – Sie entlassen den Transmitter in den synaptischen Spalt. – Glutamatmoleküle binden an die NMDA-Rezeptoren der postsynaptischen Membran. – Kanalproteine für Kalziumionen öffnen sich. – Kalziumionen strömen in das postsynaptische Neuron.	12 Punkte
	– Der Anstieg der Kalziumionenkonzentration führt zur Aktivierung von Calmodulin. – Das aktivierte Calmodulin aktiviert das Enzym NO-Synthase. – Die NO-Synthase katalysiert die Umwandlung von Arginin in Stickstoffmonoxid (NO) und Citrullin. – NO diffundiert durch die präsynaptische Membran in das umgebende Gewebe.	8 Punkte
	Gesamtpunktzahl Aufgabe 1:	**20**
2	**Erklären Sie die neuromodulatorische Wirkung von Stickstoffmonoxid!** (Anforderungsbereiche I und II)	
	– Stickstoffmonoxid diffundiert durch die präsynaptische Membran in das Synapsenendknöpfchen. – NO bindet an den Rezeptor der Guanylatzyklase, die Häm-Gruppe. – Die Guanylatzyklase katalysiert die Umwandlung von GTP in cGMP. – cGMP bindet an Kalziumionenkanäle in der präsynaptischen Membran. – Die Kalziumionenkanäle schließen sich.	8 Punkte
	– Aufgrund der geschlossenen Kalziumionenkanäle erfolgt trotz eines ankommenden Aktionspotenzials kein Kalziumioneneinstrom (oder ein verringerter Einstrom) in die Präsynapse. – Deshalb werden die mit Transmitter gefüllten Vesikel nicht zur Exozytose veranlasst. – Die Signalübertragung an der Synapse findet nicht oder nur eingeschränkt statt. – Es handelt sich um eine Neuromodulation über einen Second-Messenger.	10 Punkte
	Gesamtpunktzahl Aufgabe 2:	**18**
3	**Deuten Sie die gefäßerweiternde Wirkung von Stickstoffmonoxid unter Berücksichtigung seiner neuromodulatorischen Wirkung!** (Anforderungsbereich III)	
	– Da Stickstoffmonoxid die Schließung der Kalziumionenkanäle bewirkt, beeinflusst es die Erregungsleitung an den betroffenen Synapsen und wirkt deshalb als Neuromodulator. – Die gefäßerweiternde Wirkung von Stickstoffmonoxid lässt sich damit erklären, dass die Muskulatur der Mikrogefäße nicht oder in geringerem Umfang aktiviert wird. – Da etwa ein bis zwei Prozent der Neuronen im Kortex über das Enzym NO-Oxidase verfügen, ist anzunehmen, dass über diese Neuronen der Blutfluss im Kortex gesteuert werden kann. – Mit der Steuerung des Blutflusses wird die Sauerstoff- und Nährstoffzufuhr der jeweiligen Gehirnareale beeinflusst.	8 Punkte
	Gesamtpunktzahl Aufgabe 3:	**8**
	Gesamtpunktzahl Material:	**46**

Name:	
Klausur Nr.:	Datum:

Nervensystem und Nervenzellen

Material: Stickstoffmonoxid reguliert die Regeneration von Neuronen

A Stickstoffmonoxid

Stickstoffmonoxid, NO, ist ein sehr instabiles und kurzlebiges gasförmiges Molekül. Es reagiert innerhalb weniger Sekunden mit Sauerstoff- und Wassermolekülen zu Nitrit und Nitrat. Aufgrund seiner geringen Größe diffundiert es ungehindert durch Zellmembranen in das umliegende Gewebe. So kann NO in einer postsynaptischen Zelle produziert werden und in der präsynaptischen Zelle wirken. Dies bezeichnet man als retrograde Signalübertragung.

B Synthese und Freisetzung von Stickstoffmonoxid

Durch die Signalübertragung an einer glutamatergen Synapse wird im postsynaptischen Neuron die Freisetzung von Stickstoffmonoxid ausgelöst. Seine Synthese erfolgt durch das Enzym NO-Synthase, dessen Aktivierung in zwei Schritten erfolgt. Zunächst binden Kalziumionen an das Protein Calmodulin und aktivieren es. Im zweiten Schritt bindet das aktivierte Calmodulin an die NO-Synthase. Die aktivierte NO-Synthase katalysiert die Reaktion der Aminosäure Arginin zu Citrullin und Stickstoffmonoxid.

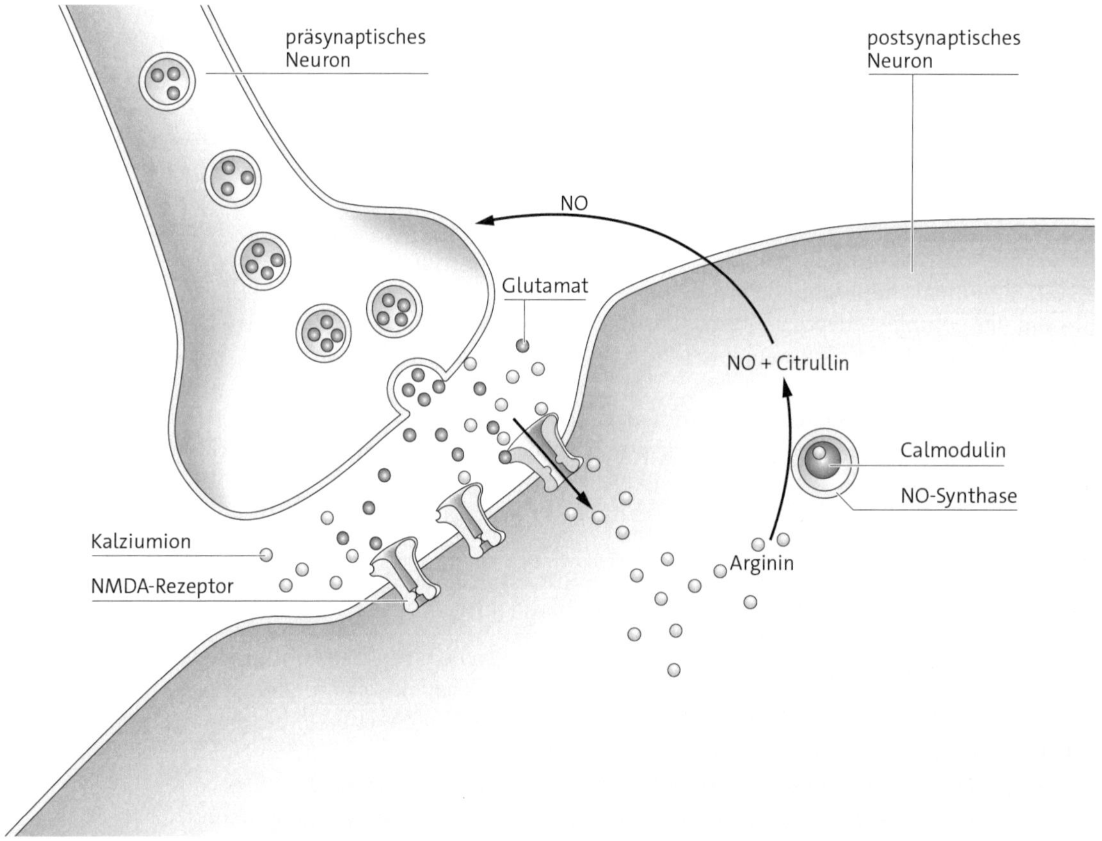

01 Signalübertragung und NO-Freisetzung an einer glutamatergen Synapse

Name:	
Klausur Nr.:	Datum:

C Wirkung von Stickstoffmonoxid an der Synapse

Der Rezeptor für Stickstoffmonoxid ist die Häm-Gruppe des Enzyms Guanylatzyklase im Synapsenendknöpfchen. Durch die Bindung an das zentrale Eisenatom der Häm-Gruppe wird das Enzym Guanylatzyklase aktiviert. Es katalysiert daraufhin die Bildung von zyklischem Guanosinmonophosphat, kurz cGMP, aus GTP. Im nächsten Schritt verhindert cGMP die Öffnung der Kalziumionenkanäle in der Membran des Synapsenendknöpfchens.

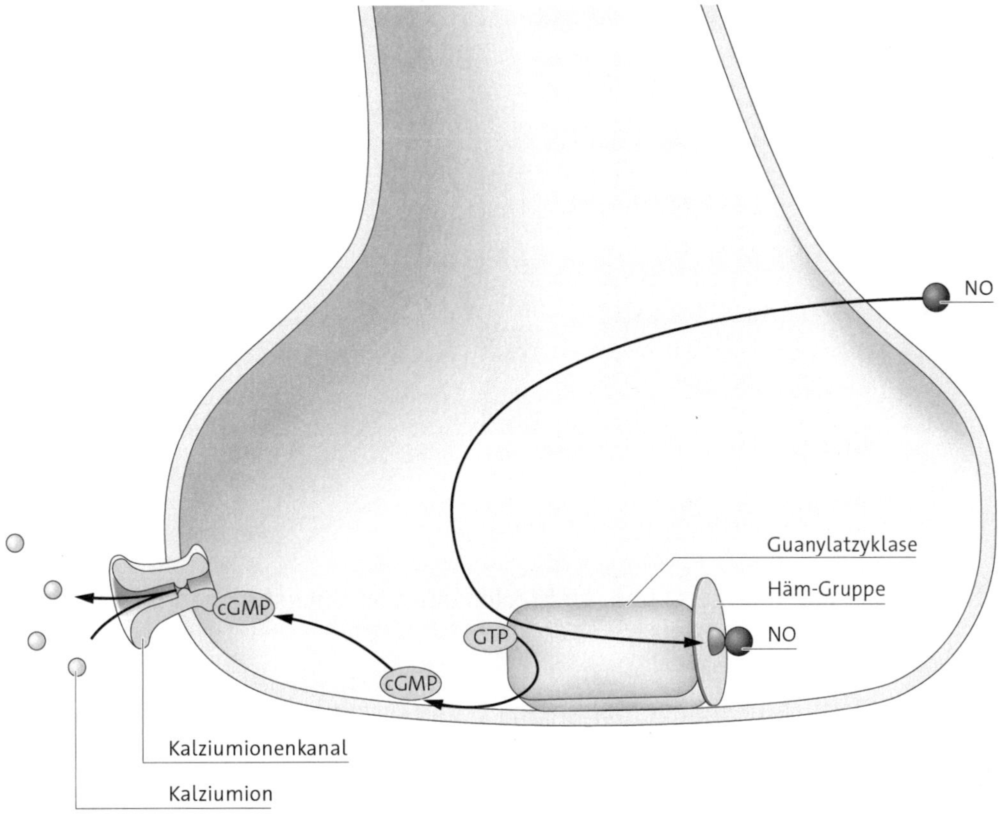

02 Einfluss von NO im Synapsenendknöpfchen

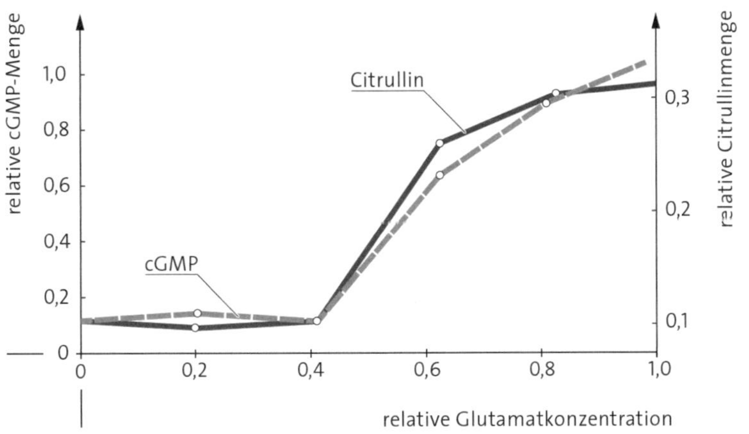

03 Einfluss der Glutamatkonzentration auf die Produktion von cGMP und Citrullin

Name:	
Klausur Nr.:	Datum:

D Regeneration von Neuronen im Heuschreckenembryo

In einem Experiment werden bei Heuschreckenembryonen die Nervenverbindungen zwischen zwei Ganglien getrennt. Anschließend überprüft man die Regenerationsfähigkeit der Neuronen innerhalb von 48 Stunden. In Teilversuch A wird die künstliche NO-Quelle NOC-18 hinzugegeben. In Teilversuch B wird cPTIO hinzugegeben, ein Stoff, der NO abfängt.

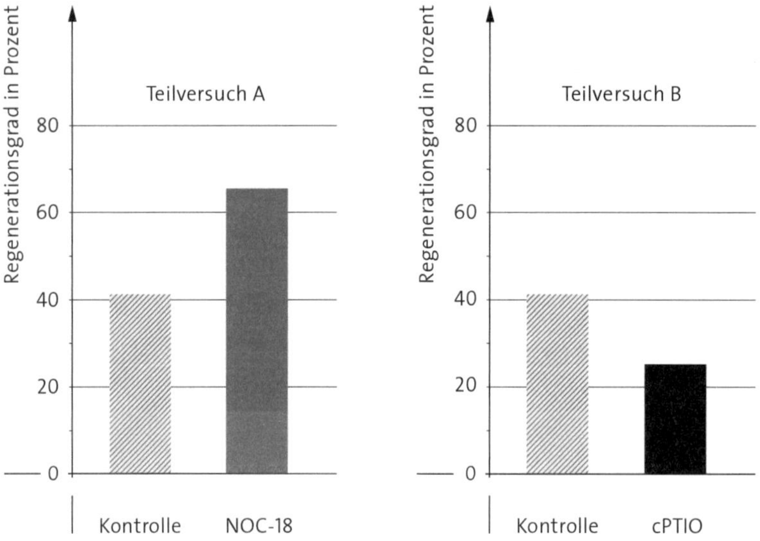

04 Messergebnisse zur Regenerationsfähigkeit der Neuronen

1 Beschreiben Sie die Signalübertragung und die Freisetzung von Stickstoffmonoxid an einer glutamatergen Synapse! (20 Punkte)

2 Erklären Sie unter Berücksichtigung der Materialien B und C den Einfluss von Glutamat auf die Synthese von Citrullin und cGMP! Erläutern Sie, weshalb die Konzentration von Citrullin gemessen wird! (24 Punkte)

3 Erklären Sie den in Material D dargestellten Einfluss von NOC-18 und cPTIO auf die Regeneration der Neuronen! Stellen Sie eine Hypothese auf, wie sich die Regeneration der Neuronen verändern würde, wenn cPTIO und cGMP gleichzeitig verabreicht würden! (20 Punkte)

Nervensystem und Nervenzellen

Material: Stickstoffmonoxid reguliert die Regeneration von Neuronen

	Punkte
1 Beschreiben Sie die Signalübertragung und die Freisetzung von Stickstoffmonoxid an einer glutamatergen Synapse! (Anforderungsbereich I)	
– Ein Aktionspotenzial erreicht das Synapsenendknöpfchen.	12 Punkte
– Kalziumionenkanäle in der präsynaptischen Membran öffnen sich und Kalziumionen strömen in das Synapsenendknöpfchen ein.	
– Synaptische Vesikel mit dem Transmitter Glutamat wandern zur präsynaptischen Membran.	
– Die Vesikel verschmelzen mit der Membran und öffnen sich (Exozytose).	
– Sie entlassen den Transmitter in den synaptischen Spalt.	
– Glutamatmoleküle binden an die NMDA-Rezeptoren der postsynaptischen Membran.	
– Kanalproteine für Kalziumionen öffnen sich.	
– Kalziumionen strömen in das postsynaptische Neuron.	
– Der Anstieg der Kalziumionenkonzentration führt zur Aktivierung von Calmodulin.	8 Punkte
– Das aktivierte Calmodulin aktiviert das Enzym NO-Synthase.	
– Die NO-Synthase katalysiert die Umwandlung von Arginin in Stickstoffmonoxid (NO) und Citrullin.	
– NO diffundiert durch die präsynaptische Membran in das umgebende Gewebe.	
Gesamtpunktzahl Aufgabe 1:	**20**
2 Erklären Sie unter Berücksichtigung der Materialien B und C den Einfluss von Glutamat auf die Synthese von Citrullin und cGMP! Erläutern Sie, weshalb die Konzentration von Citrullin gemessen wird! (Anforderungsbereich II)	
– Abbildung 03 stellt den Einfluss der Konzentration von Glutamat auf die Produktion von Citrullin und cGMP dar.	8 Punkte
– Bei einer geringen Konzentration des Glutamats verändern sich die Werte für Citrullin und für cGMP nicht.	
– Bei einer Erhöhung der Konzentration von Glutamat steigt die relative Menge, also die Syntheserate von Citrullin und cGMP gleichermaßen steil an.	
– Glutamat bindet am NMDA-Rezeptor der postsynaptischen Membran.	5 Punkte
– Die Kanalproteine für Kalziumionen öffnen sich und Kalziumionen strömen in das postsynaptische Neuron.	
– Dies führt wie in Aufgabe 1 dargestellt über die Aktivierung der NO-Synthase zur Synthese von Citrullin und Stickstoffmonoxid.	
– Stickstoffmonoxid diffundiert zur präsynaptischen Endigung und aktiviert dort die Guanylatzyklase, woraufhin diese die Reaktion von GTP zu cGMP katalysiert.	5 Punkte
– Die Synthese von cGMP ist nur möglich, wenn Glutamat vorhanden ist und NO freigesetzt wird.	
– Die NO-Synthase katalysiert die Reaktion von Arginin zu Citrullin und Stickstoffmonoxid.	6 Punkte
– Der in Abbildung 03 erkennbare Anstieg der Citrullinmenge verdeutlicht, dass die NO-Synthase aktiv ist.	
– Die Konzentration an NO kann nicht direkt gemessen werden, da NO instabil ist.	
Gesamtpunktzahl Aufgabe 2:	**24**

3	**Erklären Sie den in Material D dargestellten Einfluss von NOC-18 und cPTIO auf die Regeneration der Neuronen! Stellen Sie eine Hypothese auf, wie sich die Regeneration der Neuronen verändern würde, wenn cPTIO und cGMP gleichzeitig verabreicht würden!** (Anforderungsbereiche II und III)	
–	Im Kontrollexperiment zeigt sich, dass die Regeneration der verletzten Neuronen im Heuschreckenembryo zu etwa 40 Prozent erfolgt.	8 Punkte
–	Durch Zugabe der NO-Quelle NOC-18 werden etwa 65 Prozent der Neuronen regeneriert.	
–	Die Zugabe von cPTIO, das NO abfängt, hat zur Folge, dass etwa 25 Prozent der Neuronen regenerieren.	
–	Die Regenerationsfähigkeit der Neuronen ist somit abhängig von der Konzentration des Transmitters Stickstoffmonoxid.	
–	cGMP wirkt als Second-Messenger.	12 Punkte
–	cGMP wird vom Enzym Guanylatzyklase nach dessen Aktivierung durch NO produziert.	
–	Da NO indirekt über die Bildung von cGMP die Kalziumionenkanäle der präsynaptischen Endigung beeinflusst, wirkt cGMP wie NO.	
–	cGMP bewirkt das Schließen der Kalziumionenkanäle auch in Abwesenheit von NO.	
–	Es ist daher anzunehmen, dass cGMP die Wirkung von cPTIO aufhebt.	
–	Die Regenerationsfähigkeit der Neuronen der Heuschreckenembryonen wird wieder auf „Normalmaß" erhöht.	
	Gesamtpunktzahl Aufgabe 3:	**20**
	Gesamtpunktzahl Material:	**64**

Name:	
Klausur Nr.:	Datum:

Nervensystem und Nervenzellen

Material: Präsynaptische Hemmung

A Vergleich der präsynaptischen und der postsynaptischen Hemmung
Bei der Untersuchung der sensorischen Bahnen des Nervensystems fand man im Rückenmark präsynaptische Verschaltungen, die in den meisten Fällen zu einer Hemmung des nachgeschalteten Neurons führen. Seltener kommt es zu einer präsynaptischen Verstärkung des Signals. Die präsynaptischen Hemmung wird dadurch eingeleitet, dass Neuron B am Synapsenendknöpfchen der exzitatorischen Synapse das gleichzeitige Schließen der Kalziumionenkanäle und das Öffnen der spannungsgesteuerten Kaliumionenkanäle bewirkt. Ein anderer Weg der präsynaptischen Hemmung erfolgt, indem dort die Öffnung der Chloridionenkanäle ausgelöst wird.

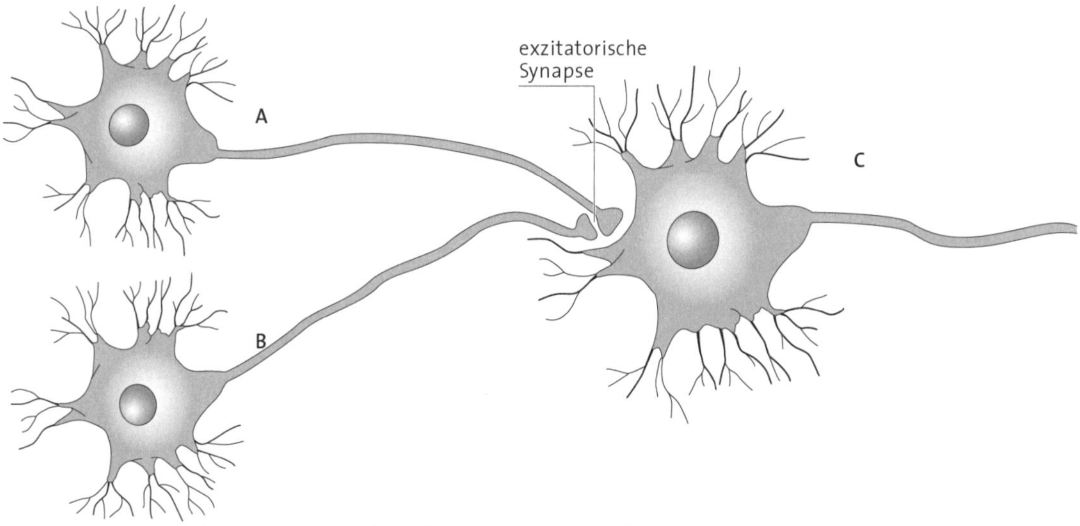

01 Anordnung der Neuronen bei der präsynaptischen Hemmung

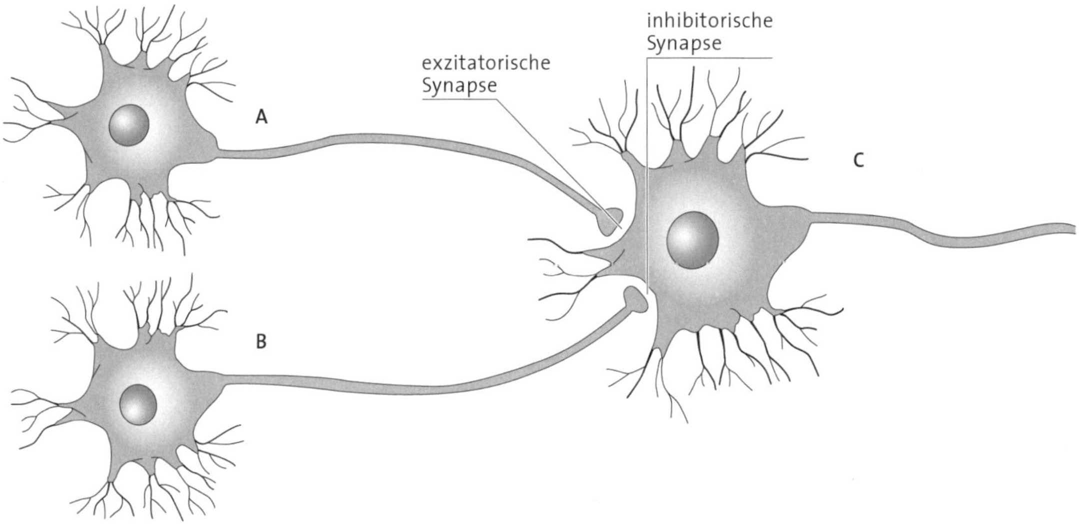

02 Anordnung der Neuronen bei der postsynaptischen Hemmung

Name:	
Klausur Nr.:	Datum:

B Einfluss der präsynaptischen Hemmung auf das postsynaptische Potenzial

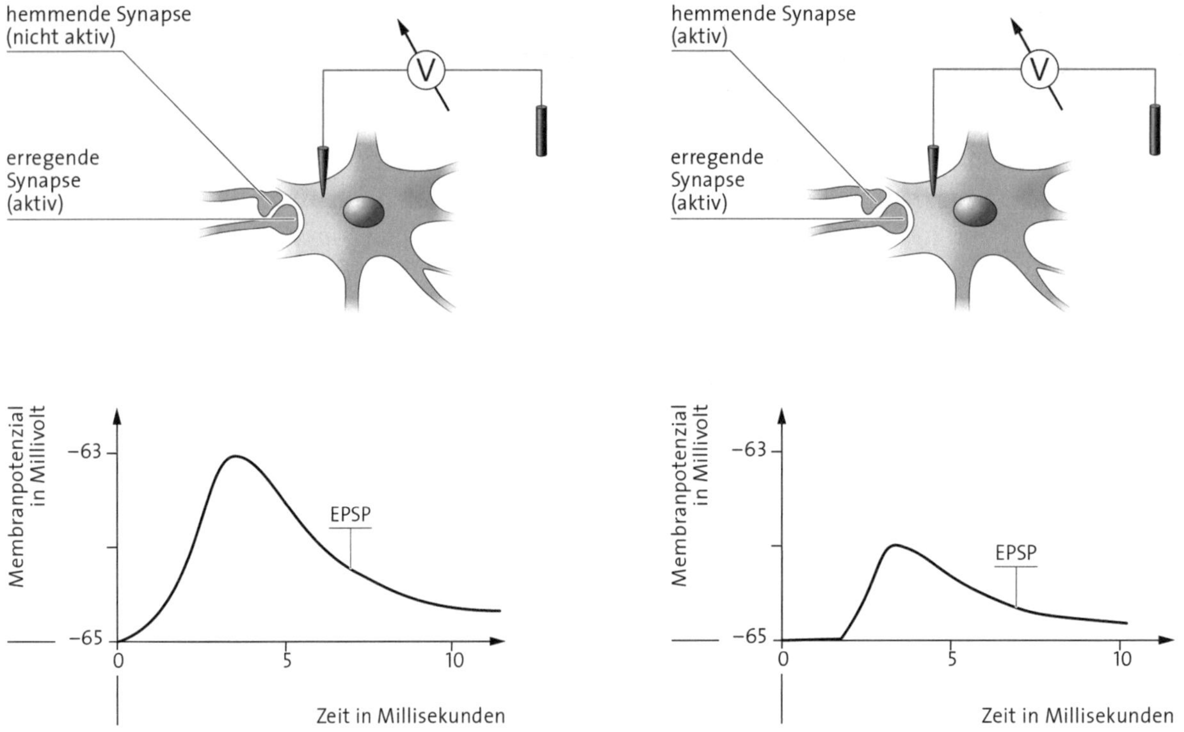

03 Versuchsaufbau und Messwerte

1 Erklären Sie, weshalb das gleichzeitige Schließen der Kalziumionenkanäle und Öffnen der spannungsgesteuerten Kaliumionenkanäle sowie das Öffnen von Chloridionenkanälen das EPSP beeinflussen! (24 Punkte)

2 Vergleichen Sie die postsynaptische und die präsynaptische Hemmung! Berücksichtigen Sie hierzu die in Abbildung 03 dargestellten Ableitungen! (22 Punkte)

3 Stellen Sie eine Hypothese auf, in welcher Weise anhand der in Abbildung 01 dargestellten Verschaltung eine präsynaptische Verstärkung des Signals erfolgen könnte! (8 Punkte)

Nervensystem und Nervenzellen

Material: Präsynaptische Hemmung

	Punkte
1 Erklären Sie, weshalb das gleichzeitige Schließen der Kalziumionenkanäle und Öffnen der spannungsgesteuerten Kaliumionenkanäle sowie das Öffnen von Chloridionenkanälen das EPSP beeinflussen! (Anforderungsbereiche I und II)	
Gleichzeitiges Schließen der Kalziumionenkanäle und Öffnen der spannungsgesteuerten Kaliumionenkanäle: – Das Schließen der Kalziumionenkanäle hat zur Folge, dass nach Einlaufen eines Aktionspotenzials keine Kalziumionen in das präsynaptische Neuron A einströmen. – Hierdurch werden die mit Transmitter gefüllten Vesikel nicht zur Exozytose veranlasst und keine Transmitter, zum Beispiel Acetylcholin, in den synaptischen Spalt entlassen. – Aufgrund dessen öffnen sich die Natriumionenkanäle in der postsynaptischen Membran von Neuron C nicht. – Natriumionen strömen nicht in das postsynaptische Neuron. Die Ausbildung eines EPSP wird verhindert.	8 Punkte
Öffnen von Chloridionenkanälen: – Das Öffnen der Chloridionenkanäle führt dazu, dass Chloridionen durch die präsynaptische Membran in das Synapsenendknöpfchen von Neuron A einströmen. – Der Chloridioneneinstrom hat zur Folge, dass die Membran des präsynaptischen Neurons A hyperpolarisiert wird. – Aufgrund der Hyperpolarisierung bewirkt ein ankommendes Aktionspotenzial eine weniger stark ausgeprägte Depolarisierung der präsynaptischen Membran. – Die Kalziumionenkanäle werden deshalb nicht oder weniger stark geöffnet. – Der weitere Ablauf entspricht den oben dargestellten Vorgängen.	10 Punkte
– Aus Abbildung 03 ist ersichtlich, dass das EPSP bei einer aktiven präsynaptischen Hemmung weniger stark ausgeprägt ist als ohne Hemmung. – Dies deutet darauf hin, dass die Hemmung zwar das postsynaptische Potenzial beeinflusst, es aber dennoch zu einer geringen Erregung des postsynaptischen Neurons kommt. – Eine Weiterleitung des Signals mit einer geringeren Frequenz an Aktionspotenzialen ist möglich, wenn der Schwellenwert am Axonhügel erreicht wird.	6 Punkte
Gesamtpunktzahl Aufgabe 1:	**24**

2	**Vergleichen Sie die postsynaptische und die präsynaptische Hemmung! Berücksichtigen Sie hierzu die in Abbildung 03 dargestellten Ableitungen!** (Anforderungsbereiche I und II)	
–	Bei der postsynaptischen Hemmung befindet sich die inhibitorische Synapse am Soma oder an den Dendriten des postsynaptischen Neurons. – Die Hemmung, beispielsweise über den Transmitter GABA führt zu einem Einstrom von Chloridionen in das postsynaptische Neuron. – Hierdurch wird der Bereich der postsynaptischen Membran hyperpolarisiert. – Die Folge ist ein inhibitorisches postsynaptisches Potenzial, kurz IPSP. – Ein gleichzeitig einlaufendes exzitatorisches postsynaptisches Potenzial führt nicht zu einer Depolarisation an der postsynaptischen Membran. – Das IPSP hat zur Folge, dass am postsynaptischen Neuron kein Aktionspotenzial gebildet wird.	14 Punkte
–	Bei der präsynaptischen Hemmung wird im Gegensatz zur postsynaptischen Hemmung die Freisetzung des Transmitters der erregenden Synapse verringert oder blockiert. – Die Depolarisation der postsynaptischen Membran wird verringert oder verhindert. – Die präsynaptische Hemmung beeinflusst nur das EPSP der exzitatorischen Synapse, sie wirkt modulierend. – Im Gegensatz zur postsynaptischen Hemmung kommt bei der präsynaptischen Hemmung kein IPSP zustande.	8 Punkte
	Gesamtpunktzahl Aufgabe 2:	**22**
3	**Stellen Sie eine Hypothese auf, in welcher Weise anhand der in Abbildung 01 dargestellten Verschaltung eine präsynaptische Verstärkung des Signals erfolgen könnte!** (Anforderungsbereich III)	
–	Eine präsynaptische Verstärkung kann auf diesem Wege nur stattfinden, wenn der Kalziumioneneinstrom in das Synapsenendknöpfchen des Neurons A in Abbildung 01 erhöht wird. – Es besteht die Möglichkeit, dass die Kalziumionenkanäle am Synapsenendknöpfchen durch einen spezifischen Transmitter aktiviert werden. – Es besteht die Möglichkeit, dass die Kaliumionenkanäle am Synapsenendknöpfchen blockiert oder in ihrer Funktion eingeschränkt werden. – Dies hätte zur Folge, dass ein einlaufendes Aktionspotenzial und damit der Kalziumioneneinstrom länger anhält.	8 Punkte
	Gesamtpunktzahl Aufgabe 3:	**8**
	Gesamtpunktzahl Material:	**54**

Name:	
Klausur Nr.:	Datum:

Nervensystem und Nervenzellen

Material: Periphere Muskelrelaxanzien

A Acetylcholin-Antagonisten

In der Medizin werden bei Operationen häufig Medikamente eingesetzt, die die Muskulatur im Operationsgebiet erschlaffen lassen oder eine Intubation erleichtern. Hierzu gehören zum Beispiel die vom Nervengift Curare abgeleiteten Wirkstoffe Tubocurarin und Toxiferin. Deren Wirkung beruht auf der kompetitiven Hemmung des Rezeptors für Acetylcholin an der postsynaptischen Membran der motorischen Endplatten der quergestreiften Muskulatur.

B Messung der Membranpotenziale sowie der Ionen- und Transmitterkonzentration

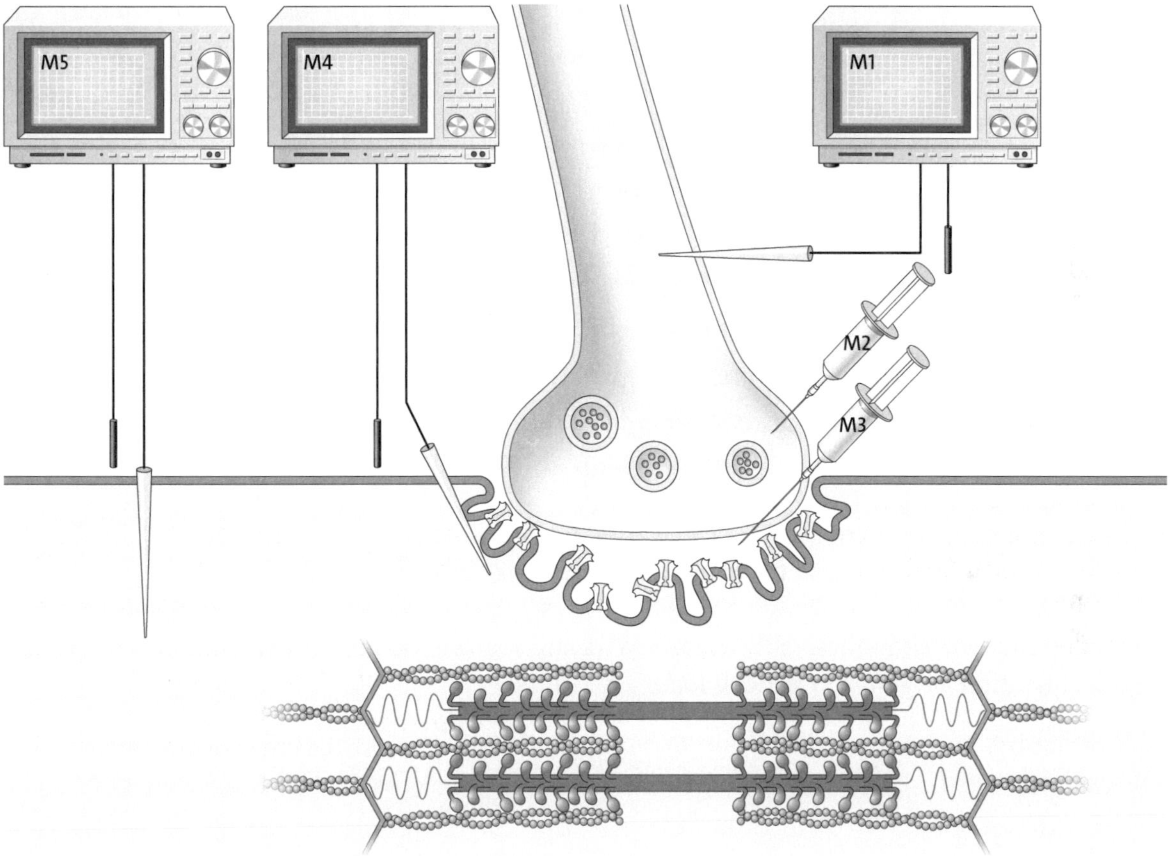

01 Versuchsaufbau zur Messung

Name:	
Klausur Nr.:	Datum:

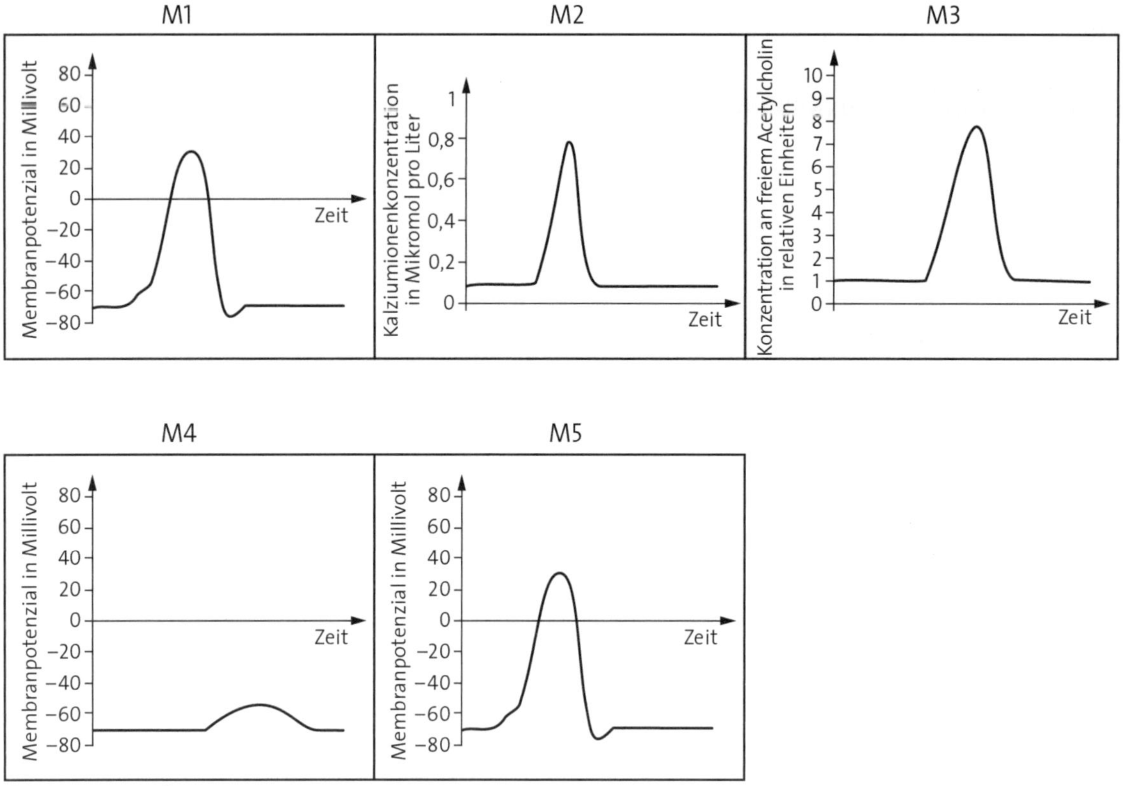

02 Messergebnisse

1 Beschreiben Sie die Vorgänge der Erregungsleitung an einem Motoneuron! Berücksichtigen Sie hierbei die Messwerte der Messstationen M1 bis M5! (20 Punkte)

2 Skizzieren und erläutern Sie die zu erwartenden Messwerte an den Stationen M1 bis M5 während der Einwirkung von Tubocurarin oder Toxiferin! (15 Punkte)

3 Stellen Sie eine Hypothese auf, wie die Wirkung von Tubocurarin oder Toxiferin am Ende der Operation aufgehoben werden kann! (8 Punkte)

Nervensystem und Nervenzellen

Material: Periphere Muskelrelaxanzien

	Punkte
1 **Beschreiben Sie die Vorgänge der Erregungsleitung an einem Motoneuron! Berücksichtigen Sie hierbei die Messwerte der Messstationen M1 bis M5!** (Anforderungsbereich I)	
– Ein Aktionspotenzial erreicht das Synapsenendknöpfchen (M1). – Dies führt zum Kalziumioneneinstrom, sodass die Kalziumionenkonzentration von etwa 0,1 auf 0,8 µmol/l steigt (M2). – Synaptische Vesikel mit Transmittern wandern zur präsynaptischen Membran. – Die Vesikel verschmelzen mit der Membran und öffnen sich (Exozytose). Sie entlassen den Transmitter Acetylcholin. – Die Folge ist der Anstieg der Acetylcholin-Konzentration im synaptischen Spalt (M3).	10 Punkte
– Acetylcholin besetzt die Rezeptoren an den Natriumionenkanälen der postsynaptischen Membran. – Die Natriumionenkanäle öffnen sich und Natriumionen strömen ein. – Dies führt zur Ausbildung eines erregenden postsynaptischen Potenzials (EPSP). – Der Schwellenwert wird überschritten (M4). – Es kommt zur Ausbildung eines Aktionspotenzials an der Membran der Muskelfaser (M5).	10 Punkte
Gesamtpunktzahl Aufgabe 1:	**20**
2 **Skizzieren und erläutern Sie die zu erwartenden Messwerte an den Stationen M1 bis M5 während der Einwirkung von Tubocurarin oder Toxiferin!** (Anforderungsbereich II)	
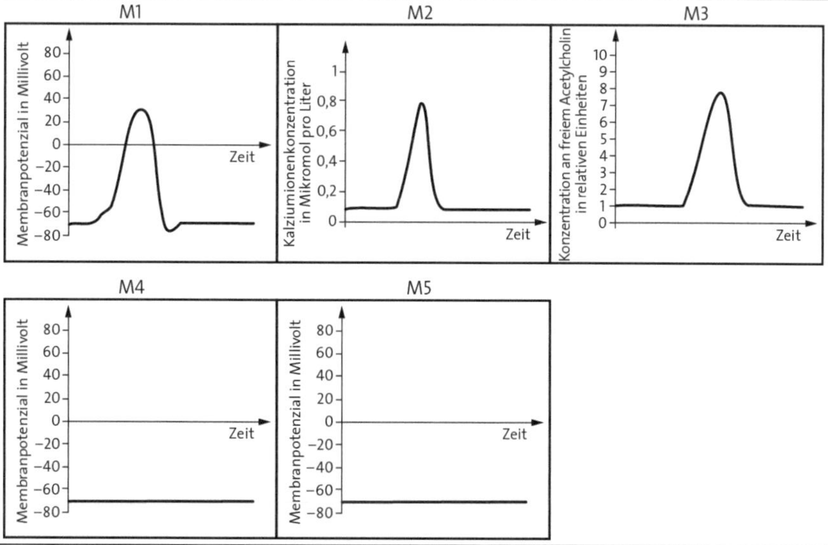	5 Punkte
– An der Messstation M1 wird der gleiche Wert gemessen wie zuvor, da die Erregungsleitung am Axon nicht von dem Medikament beeinflusst wird. – Der Kalziumioneneinstrom (M2) bleibt gleich. – Die Acetylcholin-Konzentration im synaptischen Spalt (M3) entspricht dem gleichen Wert wie zuvor. – An der postsynaptischen Membran wird keine Spannung gemessen (M4), da das Medikament die Acetylcholin-Rezeptoren der Natriumionenkanäle besetzt und kompetitiv hemmt. – Da es an der postsynaptischen Membran zu keiner Veränderung des Potenzials kommt, kann an der Membran der Muskelfaser kein Aktionspotenzial entstehen (M5).	10 Punkte
Gesamtpunktzahl Aufgabe 2:	**15**

3	**Stellen Sie eine Hypothese auf, wie die Wirkung von Tubocurarin oder Toxiferin am Ende der Operation aufgehoben werden kann!** (Anforderungsbereich III)	
–	Da Tubocurarin und Toxiferin die Rezeptoren der Natriumionenkanäle kompetitiv hemmen, könnte eine Erhöhung der Acetylcholin-Konzentration die Wirkung der Medikamente reduzieren.	8 Punkte
–	Man könnte demnach Acetylcholin in das Muskelgewebe geben.	
–	Alternativ kann man einen Wirkstoff hinzugeben, der das Enzym Acetylcholin-Esterase blockiert.	
–	Dadurch bleibt die Acetylcholin-Konzentration im synaptischen Spalt hoch und der Hemmstoff wird von den Rezeptoren verdrängt.	
	Gesamtpunktzahl Aufgabe 3:	**8**
	Gesamtpunktzahl Material:	**43**

Name:	
Klausur Nr.:	Datum:

Nervensystem und Nervenzellen

Material: Second-Messenger

A Neuropeptide als Neuromodulatoren

In einem Experiment wird untersucht, wie sich das postsynaptische Potenzial eines Neurons verändert, wenn es Signale verschiedener präsynaptischer Neuronen empfängt. Der Transmitter von Neuron 1 ist Glutamat. Die Transmitter von Neuron 2 und Neuron 3 sind verschiedene Neuropeptide. Neuropeptide sind typische Transmitter des Second-Messenger-Übertragungsweges.

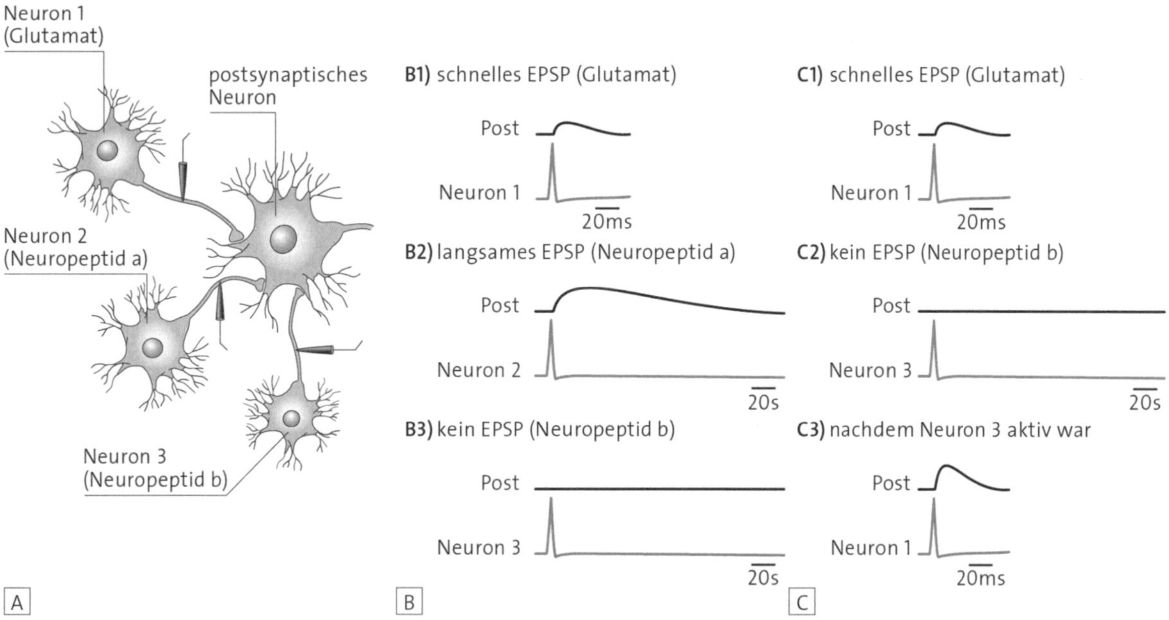

01 Messung der postsynaptischen Potenziale: A experimenteller Aufbau, B Teilversuch I, C Teilversuch II

In Teilversuch I (B1 bis B3) werden in den Neuronen 1, 2 und 3 durch Reizung nacheinander Aktionspotenziale ausgelöst und überprüft, wie das postsynaptische Neuron reagiert.
In Teilversuch II (C2 und C3) wird überprüft, wie das postsynaptische Neuron reagiert, wenn Neuron 1 nach Neuron 3 gereizt wird. In C1 werden die Messwerte des Kontrollversuchs dargestellt.

1 Beschreiben Sie den experimentellen Aufbau und die jeweiligen Messergebnisse der beiden Teilversuche! (28 Punkte)

2 Erklären Sie anhand der dargestellten Messergebnisse die wesentlichen Unterschiede zwischen der glutamatergen Synapse in B1 und dem Second-Messenger-Übertragungsweg in B2! (20 Punkte)

3 Entwickeln Sie eine Hypothese, in welcher Weise der Neurotransmitter von Neuron 3 das postsynaptische Potenzial beeinflusst! (20 Punkte)

Nervensystem und Nervenzellen

Material: Second-Messenger

	Punkte
1 Beschreiben Sie den experimentellen Aufbau und die jeweiligen Messergebnisse der beiden Teilversuche! (Anforderungsbereich I)	
Experimenteller Aufbau: – An den Axonen der drei präsynaptischen Neuronen ist jeweils eine Elektrode zur Messung der durch Reizung hervorgerufenen Aktionspotenziale angebracht. – Die Axone der drei präsynaptischen Neuronen bilden jeweils einen synaptischen Kontakt mit den Dendriten des postsynaptischen Neurons. – Neuron 1 ist glutamaterg, während Neuron 2 und 3 jeweils ein unterschiedliches Neuropeptid als Transmitter haben. – Am Soma des postsynaptischen Neurons wird das Potenzial mittels einer weiteren Elektrode abgeleitet.	8 Punkte
Messergebnisse Teilversuch I: – An Neuron 1 (Glutamat) wird ein Aktionspotenzial gemessen. Am Soma des postsynaptischen Neurons wird ein schnelles exzitatorisches Potenzial (EPSP) gemessen, das etwa 30 Millisekunden andauert (B1). – An Neuron 2 (Neuropeptid a) wird ein Aktionspotenzial gemessen. Das EPSP hat eine größere Amplitude als bei B1 und dauert über eine Minute an (B2). – An Neuron 3 (Neuropeptid b) wird ein Aktionspotenzial gemessen. Das postsynaptische Potenzial verändert sich nicht.	10 Punkte
Messergebnisse Teilversuch II: – Das Ergebnis des Kontrollversuchs (C1) entspricht der Abbildung B1. – An Neuron 3 wird ein Aktionspotenzial gemessen. Das postsynaptische Potenzial verändert sich nicht (C2). – An Neuron 1 wird ein Aktionspotenzial gemessen, nachdem Neuron 3 aktiv war. Das gemessene EPSP dauert auch etwa 30 Millisekunden an, hat aber eine erheblich höhere Amplitude als das beim Kontrollversuch.	10 Punkte
Gesamtpunktzahl Aufgabe 1:	**28**

2 Erklären Sie anhand der dargestellten Messergebnisse die wesentlichen Unterschiede zwischen der glutamatergen Synapse in B1 und dem Second-Messenger-Übertragungsweg in B2! (Anforderungsbereich II)	
– Bei der glutamatergen Synapse handelt es sich um eine chemische Synapse. – Der Transmitter Glutamat bindet an die Glutamat-Rezeptoren der postsynaptischen Membran. – Dies führt dazu, dass sich die transmittergesteuerten Natriumionenkanäle öffnen. – Die in das postsynaptische Neuron einströmenden Natriumionen führen zur Depolarisierung der postsynaptischen Membran und damit zu einem exzitatorischen postsynaptischen Potenzial (EPSP).	8 Punkte
– Beim Second-Messenger-Übertragungsweg in B2 ist der Rezeptor für den Neurotransmitter nicht an einen Ionenkanal gebunden, sondern an ein zunächst inaktives Enzym der postsynaptischen Membran. – Dieser Rezeptor ist mit einem G-Protein gekoppelt, das durch die Bindung des Neuropeptid-Transmitters aktiviert wird. – Das G-Protein bewirkt die Bildung von cAMP. – cAMP stimuliert eine Proteinkinase, die Phosphatgruppen auf Kaliumionenkanäle überträgt, die dadurch geschlossen werden. – Dadurch strömen keine Natriumionen aus dem postsynaptischen Neuron heraus, was ebenfalls zur Depolarisation der postsynaptischen Membran führt. – Die Wirkung der Second-Messenger-Übertragung hält wesentlich länger an. Deshalb dauert das EPSP mehr als eine Minute an.	12 Punkte
Gesamtpunktzahl Aufgabe 2:	**20**
3 Entwickeln Sie eine Hypothese, in welcher Weise der Neurotransmitter von Neuron 3 das postsynaptische Potenzial beeinflusst! (Anforderungsbereich III)	
– Obwohl an Neuron 3 präsynaptisch ein Aktionspotenzial gebildet wird, wird keine Veränderung des postsynaptischen Potenzials beobachtet. – Wenn Neuron 3 alleine aktiv ist, werden postsynaptisch keine neuen Aktionspotenziale gebildet. – Es wirkt wie eine hemmende Synapse. – Wenn direkt nach der Aktivierung von Neuron 3 das glutamaterge Neuron 1 aktiviert wird, ist eine erhöhte Amplitude des postsynaptischen Potenzials die Folge, es erfolgt eine stärkere Depolarisation. – Daraus leitet sich ab, dass das postsynaptische Neuron mit einer Verstärkung des Signals reagiert. Es wird eine erhöhte Anzahl an Aktionspotenzialen gebildet.	8 Punkte
– Das Neuropeptid b des Neurons 3 bewirkt keine Depolarisation der postsynaptischen Membran. – Das EPSP in Abbildung C3 dauert nur so lange wie bei einem transmittergesteuerten Ionenkanal. – Deshalb ist anzunehmen, dass die Kaliumionenkanäle der postsynaptischen Membran durch das Neuropeptid b nicht beeinflusst werden. – Da das EPSP in Abbildung C3 eine höhere Amplitude hat als das EPSP in Abbildung C1, ist davon auszugehen, dass der Natriumioneneinstrom höher ist als bei alleiniger Aktivierung durch Neuron 1. – Es ist anzunehmen, dass der Neurotransmitter von Neuron 3 bewirkt, dass sich mehr Natriumionenkanäle der postsynaptischen Membran öffnen als ohne zusätzliches Signal. – Denkbar ist auch, dass durch das Neuropeptid b die Affinität der Glutamat-Rezeptoren für Glutamat erhöht wird.	10 Punkte
Gesamtpunktzahl Aufgabe 3:	**20**
Gesamtpunktzahl Material:	**68**

Name:	
Klausur Nr.:	Datum:

Nervensystem und Nervenzellen

Material: Giftcocktail der Schwarzen Mamba

A Die Schwarze Mamba
Die Schwarze Mamba ist eine in Afrika beheimatete Giftschlange, die eine Körperlänge von etwa 2,5 Metern erreicht. Sie ist olivbraun, dunkelbraun oder grau gefärbt. Ihren Namen verdankt sie der schwarzen Färbung des geöffneten Mauls.
Bei einem Biss der Schwarzen Mamba werden 50 bis 120 Milligramm des Schlangengifts in die Wunde abgegeben. Dies führt innerhalb von 20 Minuten zum Tod. Bereits 10 bis 15 Milligramm Giftsekret wirken bei einem erwachsenen Menschen tödlich.

01 Schwarze Mamba

In ihrem Verbreitungsgebiet wird die Schwarze Mamba aufgrund der schnellen Giftwirkung auch als „seven steps snake“ bezeichnet. Es ist einem Menschen angeblich nicht möglich, sich nach einem Biss mehr als sieben Schritte fortzubewegen.

B Die Neurotoxine der Schwarzen Mamba
Im Sekret des von der Schwarzen Mamba produzierten Schlangengifts befinden sich verschiedene Toxine. Es handelt sich um unterschiedliche Polypeptide:

- Calciseptin blockiert spezifische Kalziumionenkanäle. Sie befinden sich nur in den Neuronen, die den Herzmuskel innervieren.
- Dendrotoxin hemmt bestimmte spannungsgesteuerte Kaliumionenkanäle im Bereich der Ranvier-Schnürringe von Neuronen der motorischen Bahnen. Anhand experimenteller Untersuchungen konnte nachgewiesen werden, dass an der Synapse die Menge des ausgeschütteten Acetylcholins erhöht wird.
- Fasciculin hemmt kompetitiv die Acetylcholin-Esterase im synaptischen Spalt und an der motorischen Endplatte.

Außerdem enthält das Sekret schmerzhemmende Substanzen. Sie werden in der medizinischen Forschung als potenzielle Schmerzmittel untersucht.

1 Erläutern Sie die Wirkung von Calciseptin, Dendrotoxin und Fasciculin auf die Erregungsleitung! (38 Punkte)

2 Deuten Sie die Wirkung von Calciseptin, Dendrotoxin und Fasciculin auf den Organismus! (12 Punkte)

3 Entwickeln Sie auf Basis der Wirkung des Schlangengifts ein mögliches Gegengift! (12 Punkte)

Nervensystem und Nervenzellen

Material: Giftcocktail der Schwarzen Mamba

1 **Erläutern Sie die Wirkung von Calciseptin, Dendrotoxin und Fasciculin auf die Erregungsleitung!** (Anforderungsbereiche I und II)	**Punkte**
- Da Calciseptin die spezifischen Kalziumionenkanäle im Herzen blockiert, können dort keine Kalziumionen in das Synapsenendknöpfchen einströmen. - Ein einlaufendes Aktionspotenzial führt zu keiner Veränderung der Kalziumionenkonzentration im Bereich der Synapse. - Daher wandern die synaptischen Vesikel nicht zur präsynaptischen Membran. - Es wird kein Transmitter ausgeschüttet. - Die Wirkung des Calciseptins ist auf die Neuronen, die das Herz innervieren, beschränkt.	10 Punkte
- Die Blockade der spannungsgesteuerten Kaliumionenkanäle durch Dendrotoxin beeinträchtigt die Auslösung eines Aktionspotenzial nicht. - Der Natriumioneneinstrom in das Axon wird nicht beeinflusst. - Der Kaliumionenausstrom aus dem Axon erfolgt nicht oder nur eingeschränkt. - Dies hat zur Folge, dass die Repolarisation langsamer oder gar nicht erfolgt, das Neuron also länger depolarisiert ist. - Die länger anhaltende Depolarisation führt dazu, dass die Kalziumionenkanäle an der Synapse länger geöffnet bleiben und sich die Kalziumionenkonzentration im Synapsenendknöpfchen stärker erhöht. - Deshalb werden mehr mit Transmitter gefüllte Vesikel in den synaptischen Spalt ausgeschüttet und die Acetylcholin-Konzentration im synaptischen Spalt nimmt stärker zu als regulär. - Aufgrund der erhöhten Acetylcholin-Konzentration werden die Rezeptoren für mehr Natriumionenkanäle an der postsynaptischen Membran besetzt und der Natriumioneneinstrom in das postsynaptische Neuron gesteigert. - Das erregende postsynaptische Potenzial (EPSP) wird verstärkt.	16 Punkte
- Da Fasciculin die Acetylcholin-Esterase kompetitiv hemmt, wird die Wirkung des Enzyms auf das Substrat Acetylcholin eingeschränkt. - Acetylcholin wird weniger häufig in Cholin und Acetatrest gespalten. - Daraus resultiert eine länger anhaltende Wirkung des Acetylcholins auf die Rezeptoren der Natriumionenkanäle an der postsynaptischen Membran. - Der Natriumioneneinstrom in das postsynaptische Neuron erhöht sich. - Das erregende postsynaptische Potenzial (EPSP) wird verstärkt.	8 Punkte
- Die Wirkung von Dendrotoxin und Fasciculin ergänzen sich, wodurch die Auswirkung auf das EPSP beziehungsweise auf das Endplattenpotenzial gesteigert wird. - Da Calciseptin einen anderen Neuronentyp angreift, wird die Wirkung der beiden anderen Gifte auf die motorischen Neuronen der Skelettmuskulatur nicht beeinflusst.	4 Punkte
Gesamtpunktzahl Aufgabe 1:	**38**

2	**Deuten Sie die Wirkung von Calciseptin, Dendrotoxin und Fasciculin auf den Organismus!** (Anforderungsbereiche II und III)	
–	Da Calciseptin die Neuronen hemmt, die das Herz innervieren, wird die Kontraktion des Herzmuskels gehemmt. – Eine hohe Konzentration von Calciseptin könnte das Aussetzen des Herzschlags bewirken.	4 Punkte
–	Dendrotoxin und Fasciculin wirken gleichermaßen auf die motorischen Bahnen. – Das erhöhte EPSP und das erhöhte Endplattenpotenzial haben zur Folge, dass der Tetanus der Muskulatur heraufgesetzt wird und Muskelkrämpfe entstehen. – Aufgrund der Verkrampfung der Muskulatur wird die Atmung außer Kraft gesetzt. – Das Opfer erstickt.	8 Punkte
	Gesamtpunktzahl Aufgabe 2:	**12**
3	**Entwickeln Sie auf Basis der Wirkung des Schlangengifts ein mögliches Gegengift!** (Anforderungsbereich III)	
–	Ein mögliches Gegengift muss gegen drei der im Schlangengift enthaltenen Toxine wirken. – Einer dieser Wirkstoffe könnte an die spezifischen Kalziumionenkanäle im Herzen binden und der durch Calciseptin verursachten Blockade reversibel entgegenwirken. – Ein Gegengift zu Dendrotoxin könnte die Öffnung der spannungsgesteuerten Natriumionenkanäle reversibel blockieren, damit keine Aktionspotenziale weitergeleitet werden können. – Ein anderes Gegengift könnte die Kalziumionenkanäle der motorischen Neuronen blockieren und damit den Einstrom von Kalziumionen in die Präsynapse verhindern. – Die Wirkung von Fasciculin könnte bekämpft werden, indem die Konzentration von Acetylcholin-Esterase stark erhöht wird. – Die Wirkung von Dendrotoxin und Fasciculin könnte durch einen Wirkstoff eingeschränkt werden, der an die Rezeptoren der Natriumionenkanäle der postsynaptischen Membran bindet und deren Öffnung verhindert (beispielsweise Atropin).	12 Punkte
	Gesamtpunktzahl Aufgabe 3:	**12**
	Gesamtpunktzahl Material:	**62**

Name:	
Klausur Nr.:	Datum:

Vom Reiz zur Reaktion

Material: Thermorezeptoren und die Wirkung von Capsaicin

A Wahrnehmung von Hitze und Schärfe

Angemessen auf extreme Temperaturen reagieren zu können, ist für Mensch und Tier lebenswichtig. Große Hitze oder extreme Kälte werden als schmerzhaft empfunden, da diese Temperaturbereiche lebensbedrohlich sein können.

Bereits vor einiger Zeit haben Wissenschaftler herausgefunden, dass Wirbeltiere spezielle Sinneszellen besitzen, die auf hohe Temperaturen reagieren. Diese als Thermorezeptoren bezeichneten Sinneszellen reagieren auch auf einen Inhaltsstoff des aus Peperoni hergestellten Cayennepfeffers, das Capsaicin, und auf den Inhaltsstoff von schwarzem Pfeffer, das Piperidin. Beide Reize, der Verzehr scharfer Speisen und der Kontakt mit Hitze, lösen den gleichen brennenden Schmerz aus, indem diese Signale an ein entsprechendes Schmerzzentrum im Gehirn geleitet werden.

Die Ähnlichkeit der Mechanismen zum Wahrnehmen von Hitze und von scharfen Gewürzen hat eine verblüffende sprachliche Entsprechung. Im Englischen nennt man scharfe Speisen „hot", und in deutscher Sprache sagt man, sie „brennen".

B Neurobiologie der TRP-Ionenkanäle

Inzwischen sind eine Reihe dieser Thermorezeptoren, die TRP-Ionenkanäle (TRP = *transient receptor potential*), identifiziert worden, die sich bei Kälte oder Wärme öffnen, aber auch durch verschiedene chemische Stoffe wie Capsaicin aktiviert werden. Da sie auf mehrere Sinnesmodalitäten ansprechen, werden solche Rezeptoren als polymodal bezeichnet.

Das Capsaicin wirkt am Ionenkanal als Botenstoff nach dem Schlüssel-Schloss-Prinzip, während extreme Hitze vermutlich die Membranporen von einem geordneten in einen eher ungeordneten Zustand übergehen lässt. Das Protein verändert seine Konformation. Der Kanal öffnet sich und wird so durchlässig für Natriumionen. Ergebnisse von Versuchen mit TRP-Ionenkanälen deuten darauf hin, dass dies ein weiterer Mechanismus zum Öffnen von Ionenkanälen neben den bereits bekannten ligandengesteuerten, spannungsgesteuerten beziehungsweise mechanisch gesteuerten Ionenkanälen sein könnte.

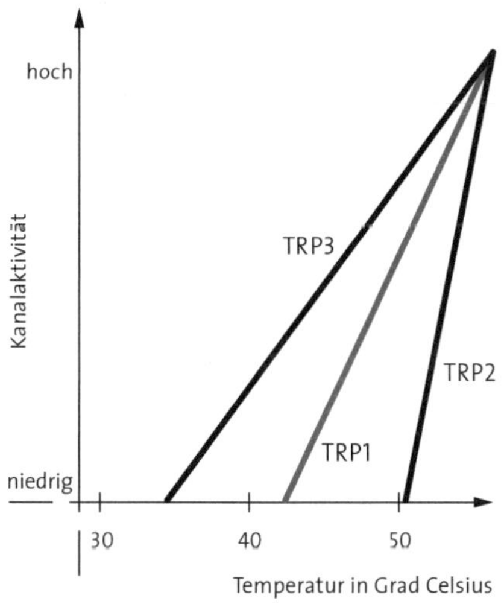

01 Temperaturempfindlichkeit unterschiedlicher TRP-Ionenkanäle (Capsaicin bindet an TRP1)

Name:	
Klausur Nr.:	Datum:

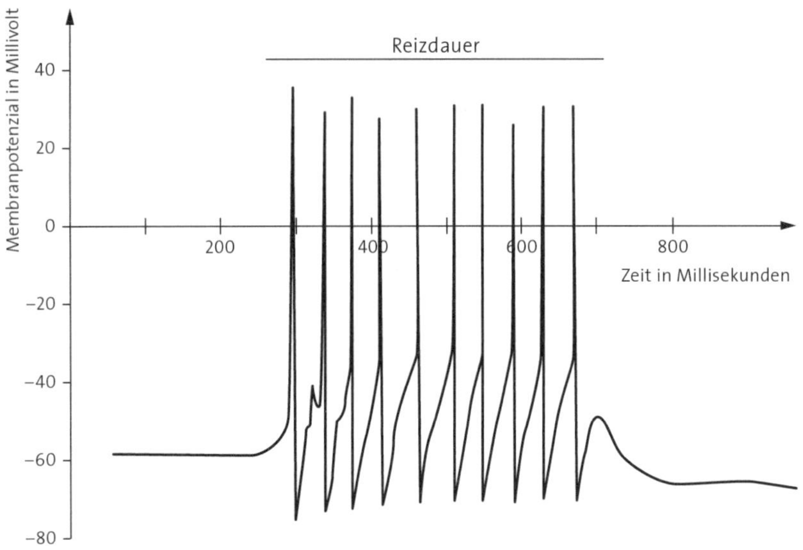

02 Membranpotenzial schmerzempfindlicher Neuronen nach Einwirkung von Capsaicin bzw. eines Hitzereizes (49 °C)

C Klinische Anwendung
Derzeit überprüfen Wissenschaftler, ob die Erkenntnisse über die TRP-Ionenkanäle bei der Entwicklung neuer Medikamente gegen Schmerzen von Nutzen sein könnten. Erste Ansätze liegen bereits vor. So konnte inzwischen auf Grundlage des Thermorezeptors ein Schmerzpflaster entwickelt werden, dass hohe Konzentrationen an Capsaicin enthält. Das Prinzip dieses Pflasters beruht darauf, dass sich der Thermorezeptor bei konstanter Reizung desensibilisieren lässt, das heißt, er wird inaktiv. Das Capsaicin wirkt demnach als Agonist. Aktuell versuchen Pharmafirmen TRP-Antagonisten als Medikamente zu entwickeln.

1 Erläutern Sie die Abbildung 01 und stellen Sie in diesem Zusammenhang dar, weshalb es für Mensch und Tier lebenswichtig ist, auf extreme Temperaturen reagieren zu können! (14 Punkte)

2 Erklären Sie anhand von Abbildung 02, wie ein spezifischer Reiz durch Thermorezeptoren in ein elektrisches Signal umgewandelt und dieses weitergeleitet wird! Erläutern Sie die Besonderheiten der Thermorezeptoren! (22 Punkte)

3 Erklären Sie die neurophysiologischen Ursachen für die brennende Wirkung von Capsaicin und stellen Sie einen Zusammenhang zur Schmerzempfindung her!
Diskutieren Sie anschließend, inwiefern sich diese Erkenntnisse für die Entwicklung neuer Schmerzmedikamente nutzen lassen! Stellen Sie die Wirkungsweise solcher Schmerzmedikamente dar! (21 Punkte)

Vom Reiz zur Reaktion

Material: Thermorezeptoren und die Wirkung von Capsaicin

	Punkte
1 Erläutern Sie die Abbildung 01 und stellen Sie in diesem Zusammenhang dar, weshalb es für Mensch und Tier lebenswichtig ist, auf extreme Temperaturen reagieren zu können! (Anforderungsbereiche I und II)	
– Das Diagramm in Abbildung 01 zeigt die Aktivität drei verschiedener TRP-Ionenkanäle in Abhängigkeit von der Temperatur. – Die TRP-Ionenkanäle zeigen unterschiedliche Temperaturempfindlichkeiten: TRP3 wird bei 35 °C aktiviert, TRP1 bei 42 °C und TRP2 bei 50 °C. – Die Kanalaktivität der einzelnen Ionenkanäle steigt linear mit der Erhöhung der Temperatur.	6 Punkte
– Thermorezeptoren haben insofern eine Bedeutung, da Organismen dadurch lebensnotwendige Informationen über die Umgebungstemperatur wahrnehmen und gezielt auf sie reagieren können. – Die Thermorezeptoren sind daher als Angepasstheit an den abiotischen Faktor Temperatur zu deuten, indem diese „gemessen“ wird. – Die Temperaturinformation kann dann zu einer adäquaten thermoregulatorischen Verhaltensreaktion führen (z. B. Flucht, Schwitzen). – Extreme Temperaturen ziehen schwerwiegende Folgen für Lebewesen nach sich (z. B. Denaturierung der Proteine), da alle Stoffwechselprozesse temperaturabhängig sind (RGT-Regel). – Lebensbedrohliche Temperaturen werden daher als schmerzhaft empfunden.	8 Punkte
Gesamtpunktzahl Aufgabe 1:	**14**
2 Erklären Sie anhand von Abbildung 02, wie ein spezifischer Reiz durch Thermorezeptoren in ein elektrisches Signal umgewandelt und dieses weitergeleitet wird! Erläutern Sie die Besonderheiten der Thermorezeptoren! (Anforderungsbereiche I und II)	
– Die Abbildung 02 zeigt die Veränderungen des Membranpotenzials schmerzempfindlicher Neuronen nach Einwirkung von Capsaicin bzw. einer Temperatur von 49 °C in einem bestimmten Zeitintervall. – Der spezifische Reiz führt in den Thermorezeptoren durch das Öffnen von Ionenkanälen zu einer Veränderung des Membranpotenzials. – Diese Veränderung führt bei Überschreiten des Schwellenwerts in den nachgeschalteten schmerzempfindlichen Neuronen zu den dargestellten Aktionspotenzialen. – Die Abbildung zeigt eine frequenzmodulierte Informationsweiterleitung, d. h., dass die Stärke des Reizes durch die Frequenz der Aktionspotenziale codiert wird.	8 Punkte
Beschreibung des Ruhe- und Aktionspotenzials: – Das Zellinnere ist aufgrund des Konzentrationsgefälles negativ geladen (Kalium- und Natriumionen bestimmen das Ruhepotenzial), die Natrium-Kalium-Pumpe transportiert Natriumionen im Austausch gegen Kaliumionen unter Energieverbrauch aus der Zelle. – Bei Eintreffen eines Aktionspotenzials werden kurzfristig spannungsgesteuerte Natriumionenkanäle geöffnet, was einen Einstrom von Natriumionen zur Folge hat. Das Membranpotenzial wird dadurch positiv, die Membran wird depolarisiert. – Der Ausstrom von Kaliumionen führt zu einer Repolarisation, nachdem die Natriumionenkanäle wieder geschlossen sind. Da mehr Kaliumionen aus der Zelle strömen, als zur Repolarisation notwendig wäre, wird die Membran kurzzeitig hyperpolarisiert.	8 Punkte

– Capsaicin fungiert als biochemischer Vermittler der Signalweiterleitung. Es bewirkt eine Öffnung der Ionenkanäle nach dem Schlüssel-Schloss-Prinzip, während Hitze die Kanäle von einem geordneten in einen ungeordneten Zustand übergehen lässt. – Der Thermorezeptor ist daher polymodal.	6 Punkte
Gesamtpunktzahl Aufgabe 2:	**22**
3 Erklären Sie die neurophysiologischen Ursachen für die brennende Wirkung von Capsaicin und stellen Sie einen Zusammenhang zur Schmerzempfindung her! Diskutieren Sie anschließend, inwiefern sich diese Erkenntnisse für die Entwicklung neuer Schmerzmedikamente nutzen lassen! Stellen Sie die Wirkungsweise solcher Schmerzmedikamente dar! (Anforderungsbereiche II und III)	
– Bei Einwirkung sowohl von Hitze als auch von Capsaicin wird der TRP-Ionenkanal geöffnet. – Die Reize Capsaicin und Hitze werden durch denselben Rezeptor in ein Signal umgewandelt. – Beide Reize führen zur Auslösung von Aktionspotenzialen, die an das Gehirn weitergeleitet werden. – Die neuronale Informationsverarbeitung erfolgt im Gehirn, sodass das Signal in eine Schmerzempfindung umgewandelt wird. – Beide Reize führen zur selben Empfindung im Schmerzzentrum, es kann somit nicht zwischen beiden Signalen unterscheiden. – Sowohl Hitze als auch Capsaicin werden deshalb als brennend empfunden. – Capsaicin verursacht somit eine Sinnestäuschung, da es kein Hitzereiz ist, aber vom Gehirn als solcher interpretiert wird. Entsprechend werden Verhaltensreaktionen wie Schwitzen ausgelöst.	14 Punkte
– Neuartige Medikamente gegen Schmerzen könnten den Thermorezeptor blockieren/hemmen, sodass eine Weiterleitung des Signals unterbunden wird. – Hierfür muss zuerst einmal die Struktur des Capsaicins bekannt sein. Ferner muss ermittelt werden, an welcher Stelle das Capsaicin an den Rezeptor bindet. – Denkbar ist auch die Synthese eines antagonistischen Wirkstoffes, der an den Rezeptor bindet, aber selbst keine Signale weiterleitet. Die Schmerzempfindung an den entsprechenden Nervenbahnen wird somit unterbunden. – Problematisch ist, dass durch diese Medikamente vermutlich nur spezifische Schmerzreize unterdrückt werden.	8 Punkte
Gesamtpunktzahl Aufgabe 3:	**22**
Gesamtpunktzahl Material:	**58**

Name:	
Klausur Nr.:	Datum:

Vom Reiz zur Reaktion

Material: Vogelzug und Magnetfeld

A Das Magnetfeld der Erde

Das Erdmagnetfeld entsteht durch Strömungen von flüssigem Eisen im Erdkern. Es lässt sich leicht auf der Erdoberfläche messen. Inzwischen weiß man, dass viele Tiere sich am Erdmagnetfeld orientieren. Manche richten ihre Behausungen nach Norden aus, andere wandern entlang von Magnetfeldlinien und wieder andere navigieren über Zehntausende von Kilometern durch Meere und Lufträume auf magnetisch definierten Zugrouten, die über viele Generationen beibehalten werden. Drei Faktoren sind entscheidend für die Orientierung von Tieren mithilfe des Erdmagnetfelds:

- die Stärke des Magnetfelds, die je nach Region in komplizierter Weise variiert,
- die Nordweisung der Magnetfeldlinien, die mit einem Kompass angezeigt werden kann,
- der Winkel, mit dem die gedachten Linien des Erdmagnetfelds auf die Erdoberfläche treffen, die Inklination.

Mit diesen drei Faktoren können Tiere navigieren, das heißt, sie können registrieren, wo sie sich befinden, wo sich ein Zielort befindet und auf welchem Weg sie zu diesem Zielort gelangen können.

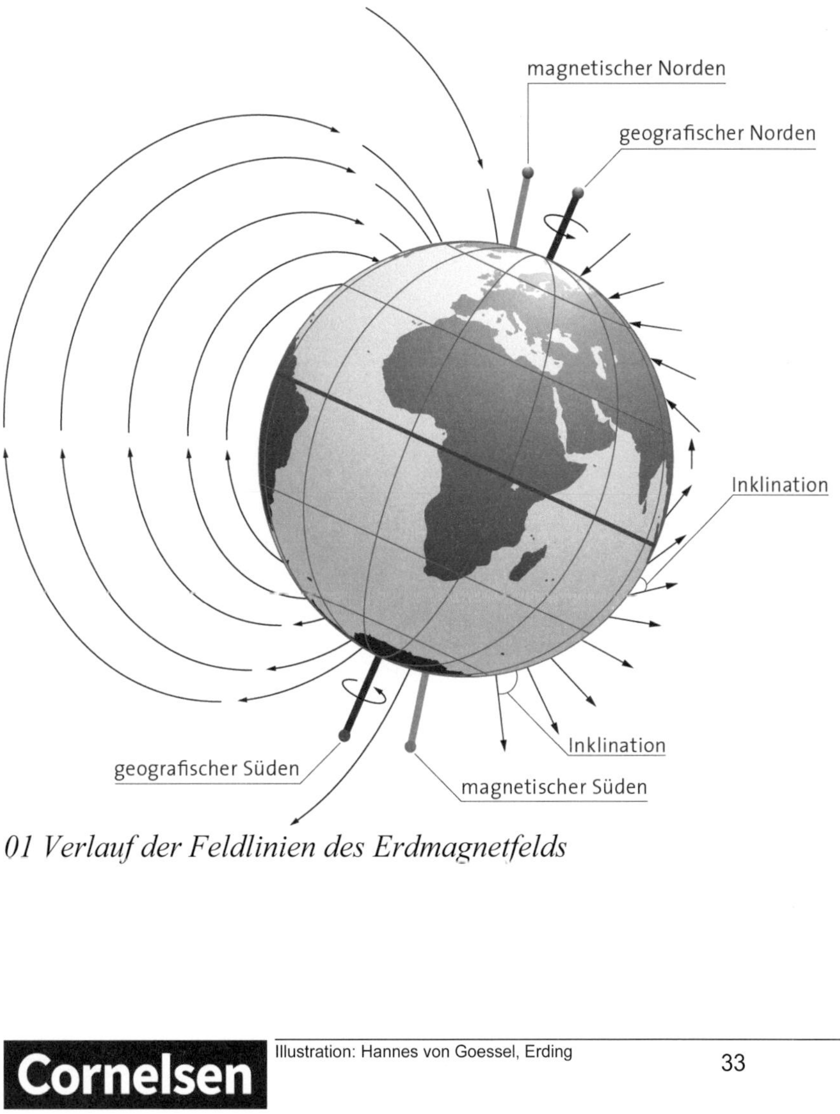

01 Verlauf der Feldlinien des Erdmagnetfelds

Name:	
Klausur Nr.:	Datum:

B Magnetsinn bei Zugvögeln

Am besten untersucht ist der Magnetkompass der Zugvögel. Dass diese Tiere Magnetfelder wahrnehmen können, weiß man seit einigen Jahren aus Versuchen, bei denen sie künstlichen Magnetfeldern ausgesetzt wurden. Zugvögel verfallen zweimal im Jahr, im Herbst und im Frühjahr, in Zugunruhe. Werden die Vögel, zum Beispiel Rotkehlchen, in dieser Zeit in einem trichterförmigen Käfig gehalten, kann man anhand der Kratzspuren an den Käfigwänden die Orientierung der Vögel dokumentieren.

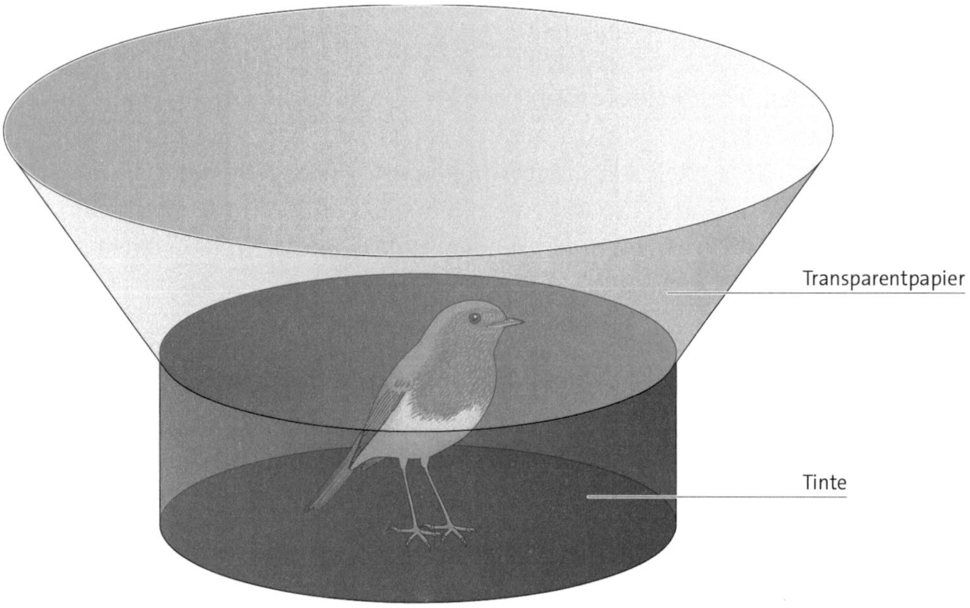

02 Versuchsaufbau

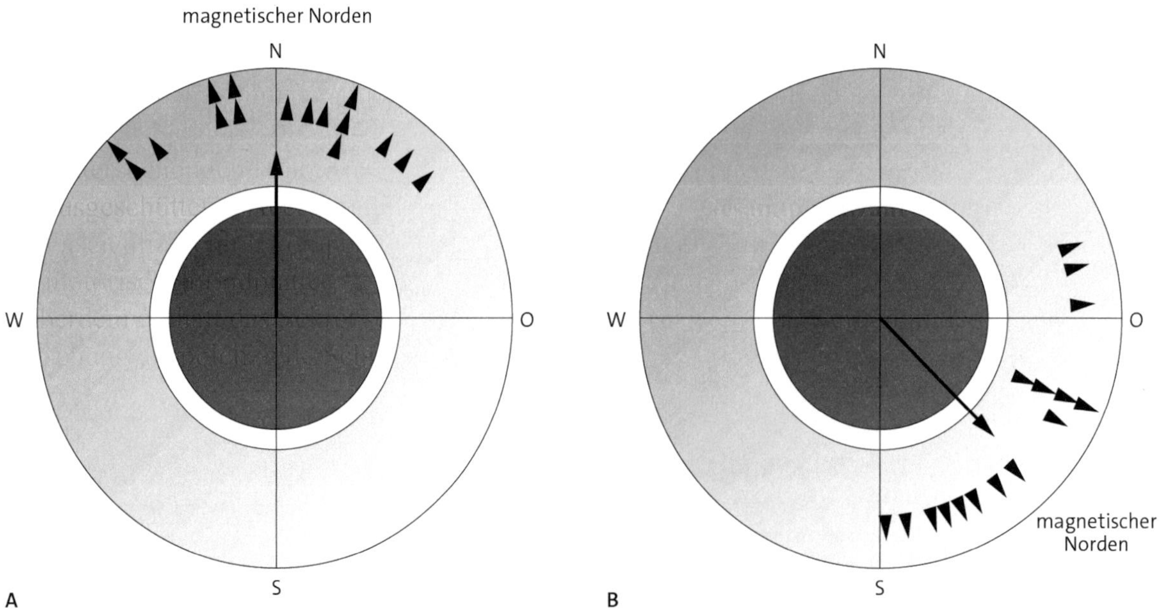

03 Versuchsergebnis: A unter Einfluss des lokalen geomagnetischen Felds im Frühjahr, B unter Einfluss eines künstlichen, um 120° gedrehten Magnetfelds

Name:	
Klausur Nr.:	Datum:

C Neurobiologie des Magnetsinns

Nach dem heutigen Wissensstand analysieren Zugvögel die lokale Stärke des Erdmagnetfelds und die Inklination der Kraftlinien. Derzeit geht man davon aus, dass die Vögel diese Faktoren durch zwei verschiedene Magnetorezeptionsorgane wahrnehmen können. Zum einen besitzen Vögel in ihrem Schnabel oder in ihrem Innenohr mikroskopisch kleine Körnchen aus dem magnetischen Mineral Magnetit (Fe_3O_4), mit denen sie Informationen über die Stärke des Magnetfelds erhalten. Dieser Magnetsinn ist unabhängig vom Licht und ist zum Beispiel auch für Fische (Lachse), Schildkröten oder Mulle wichtig. Die Magnetitkörnchen drücken auf spezielle Zellen, die mit dem Nervensystem der Tiere verbunden sind.

Den Inklinationswinkel der Magnetfeldlinien nehmen Zugvögel dagegen mit einem lichtabhängigen System wahr. Bei Zugvögeln und auch anderen Tieren kommen in der Netzhaut magnetisch empfindliche Moleküle vor, die Cryptochrome. Diese Cryptochrome sind Fotorezeptor-Signalproteine für blaues Licht, die in verschiedenen Tierarten und Organismen hauptsächlich eine Regulatorfunktion ausüben. Innerhalb des Proteins spielen sich aber bei Zugvögeln Prozesse ab, die sich durch ein Magnetfeld beeinflussen lassen.

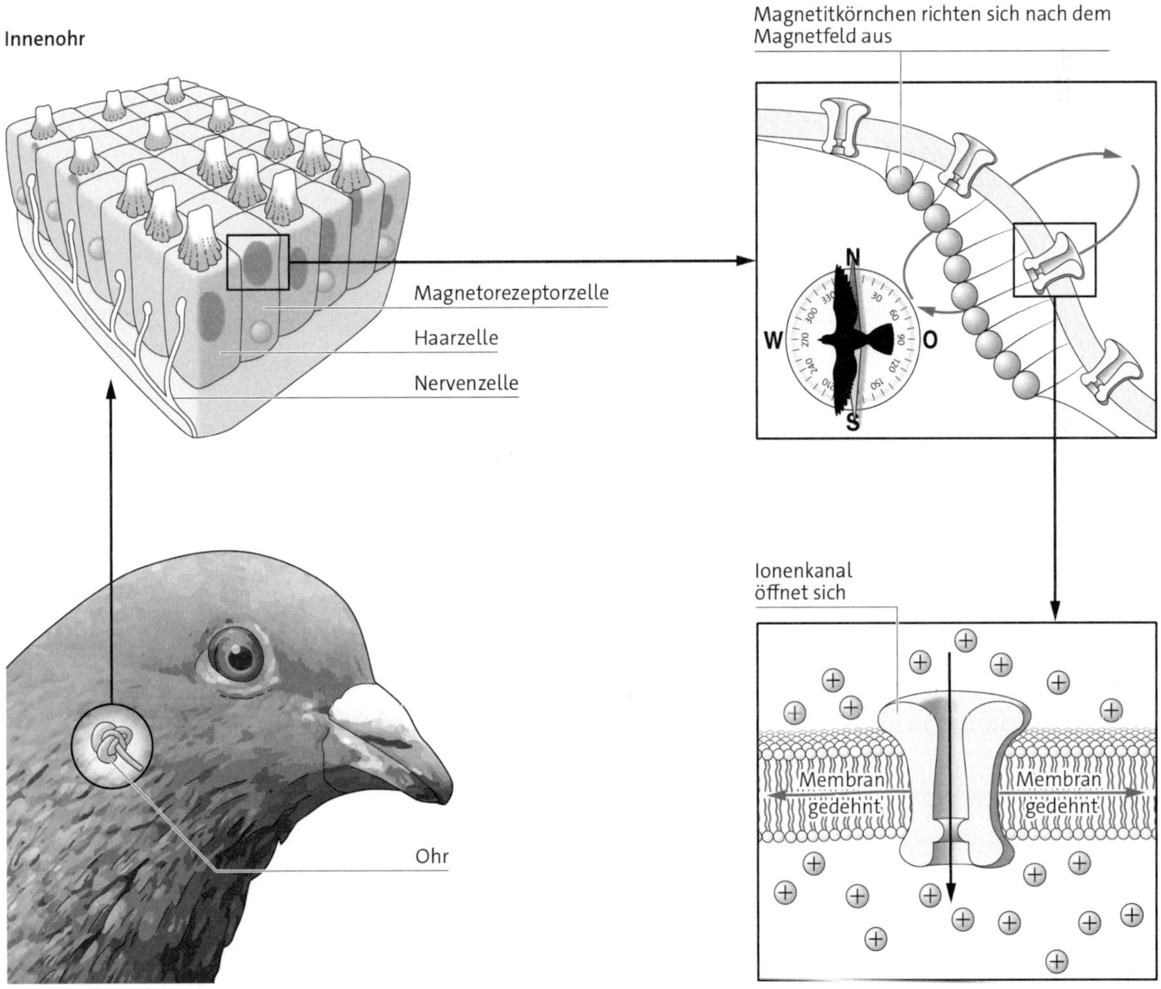

04 Durch Magnetit vermittelte Magnetorezeption

Name:	
Klausur Nr.:	Datum:

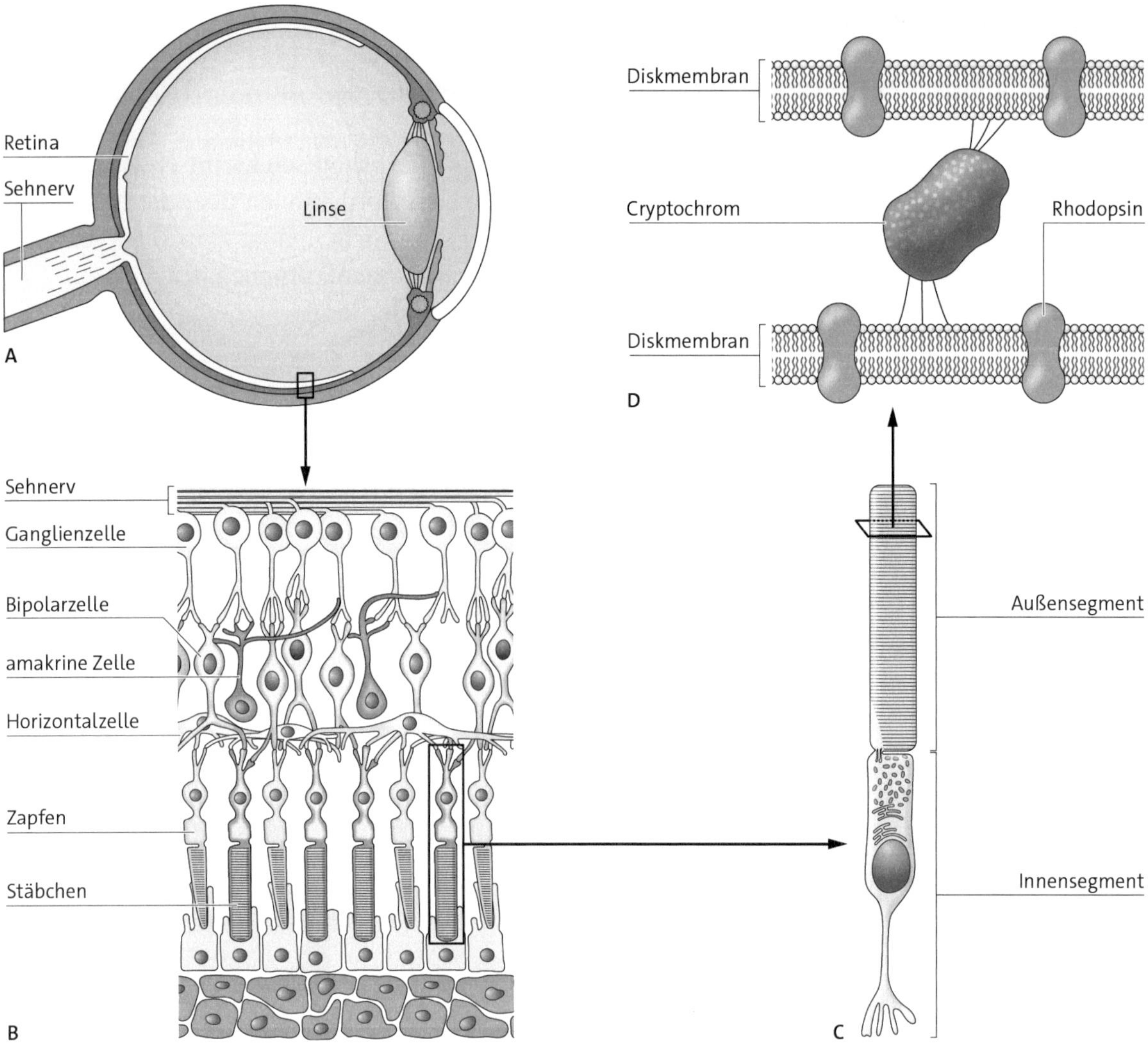

05 Aufbau des Vogelauges: A Längsschnitt, B Retina, C Stäbchen, D Disks

1 Fassen Sie zusammen, wie sich Tiere mithilfe des Magnetsinns orientieren können! Beschreiben Sie den Aufbau und das Ergebnis des Orientierungsversuchs mit Rotkehlchen und deuten Sie den Versuch! (16 Punkte)

2 Erläutern Sie mithilfe der Abbildung 04 die neurophysiologischen Prozesse der magnetitvermittelten Magnetorezeption und erklären Sie, wie sich durch die Magnetitkörnchen Informationen über das Magnetfeld verarbeiten lassen! (20 Punkte)

3 Vergleichen Sie den Aufbau eines Vogelauges mit dem eines menschlichen Auges! Stellen Sie eine Hypothese darüber auf, wie Zugvögel mithilfe des Cryptochroms Informationen über die Inklinationswinkel der Magnetfeldlinien wahrnehmen können! Berücksichtigen Sie die zugrunde liegenden neurophysiologischen Prozesse! (20 Punkte)

Vom Reiz zur Reaktion

Material: Vogelzug und Magnetfeld — Punkte

1 Fassen Sie zusammen, wie sich Tiere mithilfe des Magnetsinns orientieren können! Beschreiben Sie den Aufbau und das Ergebnis des Orientierungsversuchs mit Rotkehlchen und deuten Sie den Versuch! (Anforderungsbereiche I und II)	
– Für die Orientierung von Tieren mithilfe des Erdmagnetfeldes sind drei Parameter entscheidend: – die Stärke des Magnetfeldes, die über den gesamten Erdball variiert, – die Nordweisung der Magnetfeldlinien, die mit einem Kompass angezeigt werden kann und – die Inklination der Magnetfeldlinien. – Mit diesen drei Faktoren können Tiere registrieren, wo sie sich befinden, wo sich ein Zielort befindet und auf welchem Weg sie zu diesem Zielort gelangen können.	6 Punkte
– Im gezeigten Versuch wurden zugunruhige Vögel in einem trichterförmigen Käfig gehalten. Dieser enthält an den Wänden Transparentpapier und am Boden Tinte, in die die Vögel mit ihren Krallen eintauchen. *Zusatzinformation: Inzwischen wird hauptsächlich Thermopapier verwendet.* – Im ersten Versuchsansatz wurden die Vögel dem Erdmagnetfeld ausgesetzt. Die Kratzspuren wiesen nach Norden, ihre bevorzugte Zugrichtung im Frühjahr. – Im zweiten Versuchsansatz wurden die Vögel einem Magnetfeld ausgesetzt, dessen Nordausrichtung um 120 ° gedreht war. Die Kratzspuren und damit die bevorzugte Zugrichtung waren entsprechend um 120° verschoben. – Aus der Änderung des Magnetfelds und der entsprechenden Änderung der Vorzugsrichtung lässt sich ableiten, dass die Orientierung der Vögel vom Magnetfeld abhängt.	10 Punkte
Gesamtpunktzahl Aufgabe 1:	**16**
2 Erläutern Sie mithilfe der Abbildung 04 die neurophysiologischen Prozesse der magnetitvermittelten Magnetorezeption und erklären Sie, wie sich durch die Magnetitkörnchen Informationen über das Magnetfeld verarbeiten lassen! (Anforderungsbereiche II und III)	
– Vögel besitzen in ihrem Schnabel oder in ihrem Innenohr mikroskopisch kleine Körnchen aus dem magnetischen Mineral Magnetit (Fe_3O_4), mit denen sie Informationen über die Stärke des Magnetfelds erhalten. – Diese Körnchen drücken auf spezielle Zellen, die mit dem Nervensystem des Vogels verbunden sind. – Werden diese Magnetitkörnchen einem magnetischen Feld ausgesetzt, so bewegen sie sich in Richtung des Felds. – Dabei wird die Membran der Rezeptorzelle gedehnt. – Diese Dehnung bewirkt, dass sich Ionenkanäle in der Membran öffnen und eine Potenzialveränderung erzeugen.	6 Punkte
Kurze Darstellung des Rezeptorpotenzials: – Intra- und extrazellulär liegt eine unterschiedliche Ionenverteilung vor. – Durch Öffnen spezifischer Kanäle fließen Ionen entsprechend ihres Konzentrationsgradienten. – Dies führt zu einer Depolarisation der Membran, die bei Überschreiten des Schwellenwerts Aktionspotenziale in den nachgeschalteten Neuronen auslöst.	8 Punkte
– Je nach Magnetfeldstärke wird die Membran unterschiedlich stark gedehnt. – Dies führt in den nachgeschalteten Neuronen zu unterschiedlichen Reizantworten, die schließlich von den Vögeln registriert werden können und ihnen Informationen über die Richtung des Magnetfelds liefern. – Dieser Magnetkompass ist unabhängig vom Licht.	6 Punkte
Gesamtpunktzahl Aufgabe 2:	**20**

3 **Vergleichen Sie den Aufbau eines Vogelauges mit dem eines menschlichen Auges! Stellen Sie eine Hypothese darüber auf, wie Zugvögel mithilfe des Cryptochroms Informationen über die Inklinationswinkel der Magnetfeldlinien wahrnehmen können! Berücksichtigen Sie die zugrunde liegenden neurophysiologischen Prozesse!** (Anforderungsbereiche II und III)	
Gemeinsamkeiten: – Das Vogelauge ist grundsätzlich ähnlich gebaut wie das menschliche Auge: Es besteht z. B. aus einem Glaskörper, einer Hornhaut, Linse und Retina. *Unterschiede:* – Allerdings enthält das Vogelauge in der Retina ein zusätzliches licht- und magnetoempfindliches Protein, das Cryptochrom.	6 Punkte
– Den Inklinationswinkel der Magnetfeldlinien nehmen Zugvögel mit dem lichtabhängigen Cryptochrom-System wahr. – Innerhalb des Proteins spielen sich bei Zugvögeln Prozesse ab, die sich durch ein Magnetfeld beeinflussen lassen. – Eine mögliche Hypothese wäre, dass ein magnetisch aktiviertes Cryptochrom das Retinal im Sehpigment von der 11-cis-Form in die all-trans-Form bringt, also wie ein Lichtreiz wirkt. Dies führt dann zur Weiterleitung eines Signals ans Gehirn. – Möglicherweise wird das Cryptochrom je nach Inklinationswinkel unterschiedlich stark aktiviert und beeinflusst unterschiedlich stark die Reaktion von Rhodopsin zu Metarhodopsin II. – In Abhängigkeit vom Magnetfeld werden demnach unterschiedliche Signale generiert und ans Sehzentrum geleitet. – Es ist zu vermuten, dass die Vögel daher die Stärke der regional unterschiedlichen Magnetfelder „sehen“ können und sich daran orientieren.	14 Punkte
Gesamtpunktzahl Aufgabe 3:	**20**
Gesamtpunktzahl Material:	**56**

Name:	
Klausur Nr.:	Datum:

Vom Reiz zur Reaktion

Material: Die Insel der Farbenblinden

A Farbsehstörungen

Der berühmte Neuropsychologe Oliver SACHS (1933–2015) unternahm 1994 eine Mikronesienreise zu den Inseln Pingelap und Pohnpei, wo ein überdurchschnittlich hoher Bevölkerungsanteil an einer Form der Farbenblindheit, der totalen Achromatopsie, erkrankt ist. Die genetisch bedingte totale Farbenblindheit oder „Maskun" (wörtlich: Nichtsehen, wie die Krankheit auf Pingelap heißt), ist normalerweise überaus selten: Rund einer von 30 000 bis 40 000 Menschen ist von ihr betroffen. Fast zehn Prozent des Pingelap-Volkes leiden heute unter Achromatopsie. Schätzungsweise ein Drittel der Bevölkerung trägt das entsprechende Gen.

In anderen Teilen der Welt ist die Mutation oft bei weniger als einem von 10 000 Menschen nachzuweisen.

Die rund sechs Millionen Zapfen der Netzhaut sind bei den Betroffenen geschädigt. Nur noch die Stäbchen sind funktionsfähig. Die Folge ist, dass die Menschen nicht nur farbenblind, sondern auch extrem lichtempfindlich sind. Häufig leiden sie unter nervösen Zuckungen des Augapfels, dem Nystagmus. Durch dieses Augenzittern wird versucht, ein Objekt abwechselnd mit dem linken und rechten Auge zu fokussieren, um den nicht sehenden Bereich in der Netzhaut zu kompensieren. Bei Tageslicht können die Betroffenen ihre Hütten kaum verlassen. Das Lesen fällt ihnen schwer und sie haben eine um 80 bis 90 Prozent verminderte Sehschärfe. Scharfes Sehen ist deshalb unmöglich, weil auf den gelben Fleck fokussiert wird, der bei Farbenblinden keine funktionsfähigen Zapfen enthält.

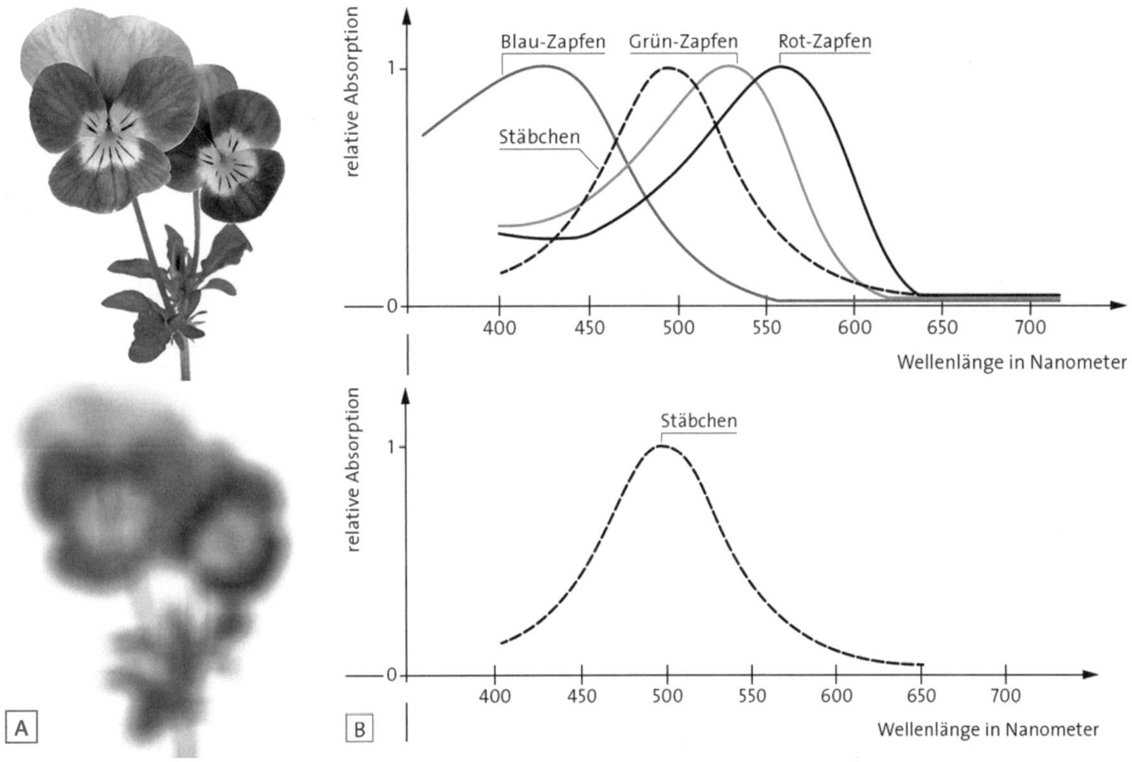

01 Normalsichtige (oben) und Farbenblinde (unten): A Simulation des Seheindrucks hinsichtlich der Sehschärfe, B Darstellung der Absorptionskurven der Zapfenpigmente

Name:	
Klausur Nr.:	Datum:

B Genetik und Neurobiologie der totalen Achromatopsie

Bisher sind drei Gene in ursächlichem Zusammenhang mit der Achromatopsie beschrieben. Zwei dieser Gene, *CNGA3* auf Chromosom 2 und *CNGB3* auf Chromosom 8, codieren für jeweils ein Membranprotein, das als α- beziehungsweise ß-Untereinheit zusammen den cGMP-gesteuerten Natriumionenkanal der Zapfen bildet. Mutationen in *CNGA3* oder *CNGB3* können unabhängig voneinander eine Achromatopsie verursachen. *CNGA3*-Mutationen bedingen meist Aminosäuresubstitutionen und sind für 25 Prozent aller Fälle von Achromatopsie in Europa verantwortlich. *CNGB3*-Mutationen findet man etwa doppelt so häufig, so auch bei den Bewohnern von Pingelap.

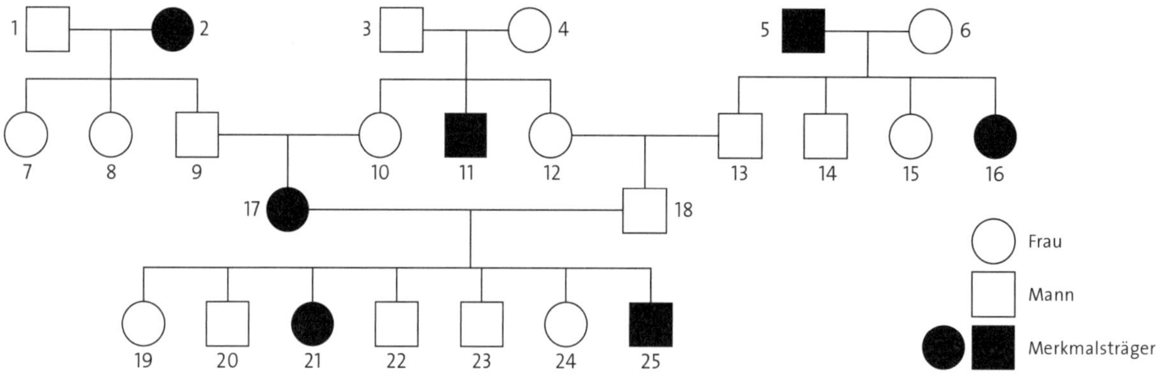

02 Stammbaum einer Familie, in der Achromatopsie auftritt

Name:	
Klausur Nr.:	Datum:

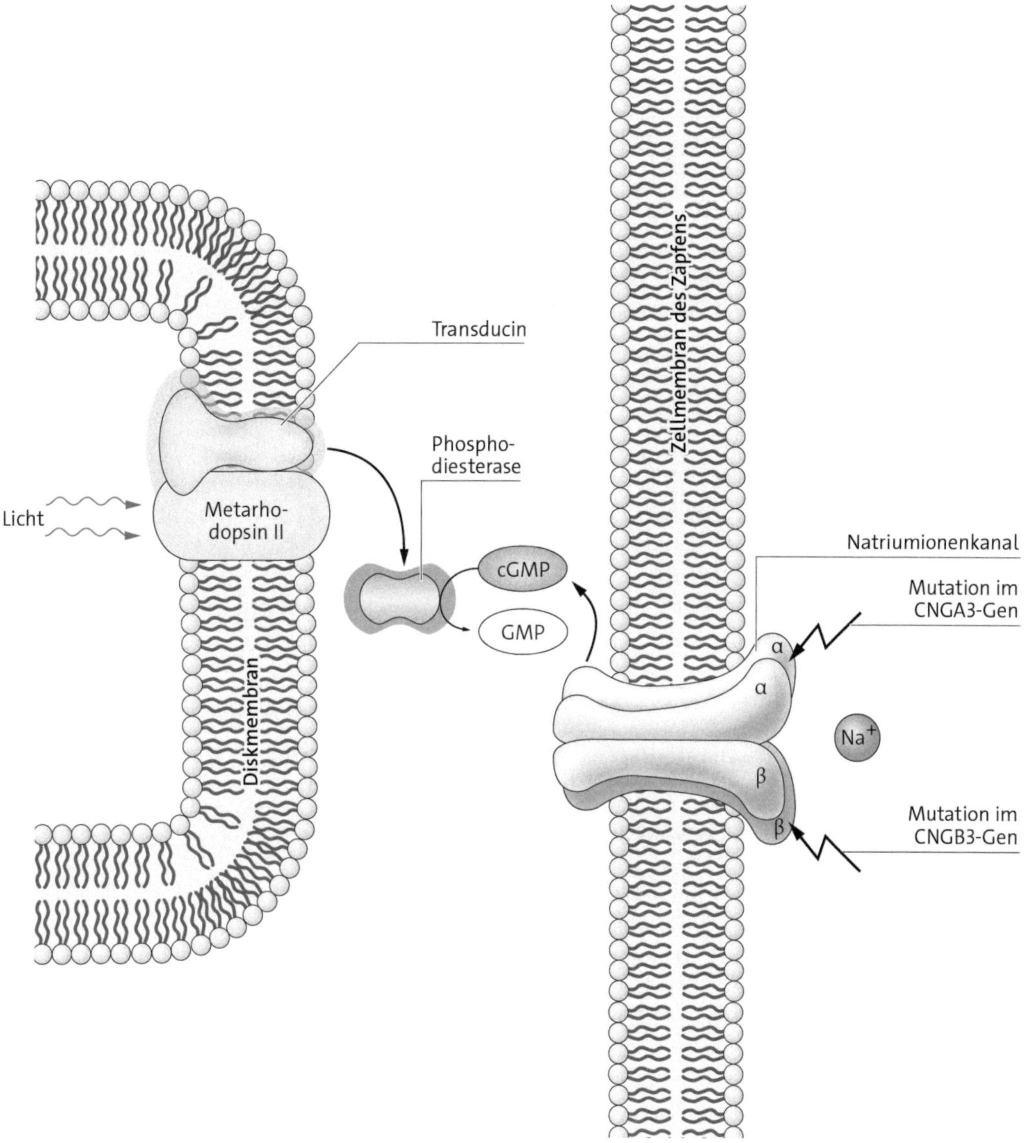

03 Fototransduktion im Außensegment der Zapfen und Einflussort zweier Genmutationen, die genetisch bedingte Farbsehstörungen beim Menschen verursachen

1 Ermitteln Sie anhand des Stammbaums den Erbgang für die totale Achromatopsie, indem Sie andere Erbgänge begründet ausschließen! Geben Sie die möglichen Genotypen an! (12 Punkte)

2 Beschreiben Sie die Fototransduktion in den Zapfen von Wirbeltieren und vergleichen Sie die Absorptionsspektren in Abbildung 01! (18 Punkte)

3 Erläutern Sie die neurophysiologischen Folgen der Mutationen im *CNGA3*- und *CNGB3*-Gen und stellen Sie eine Hypothese auf, warum diese zur totalen Farbenblindheit führen! Stellen Sie eine Hypothese über die Auswirkung der Farbsehstörung auf die Farbwahrnehmung auf! (12 Punkte)

Vom Reiz zur Reaktion

Material: Die Insel der Farbenblinden

Punkte

1 Ermitteln Sie anhand des Stammbaums den Erbgang für die totale Achromatopsie, indem Sie andere Erbgänge begründet ausschließen! Geben Sie die möglichen Genotypen an! (Anforderungsbereiche I und II)

- Es handelt sich um einen rezessiv-autosomalen Erbgang.
- Es kann kein gonosomaler Erbgang sein, da beide Geschlechter betroffen sind.
- Es kann kein dominanter Erbgang sein, da auch Eltern ohne Symptome betroffene Kinder haben.

6 Punkte

Angabe der Genotypen mithilfe geeigneter Symbolik (Beispiel):

Person 1: AA oder Aa	Person 10: Aa	Person 18: Aa
Person 2: aa	Person 11: aa	Person 19: Aa
Person 3: Aa	Person 12: Aa	Person 20: Aa
Person 4: Aa	Person 13: Aa	Person 21: aa
Person 5: aa	Person 14: Aa	Person 22: Aa
Person 6: Aa	Person 15: Aa	Person 23: Aa
Person 7: Aa	Person 16: aa	Person 24: Aa
Person 8: Aa	Person 17: aa	Person 25: aa
Person 9: Aa		

6 Punkte

Gesamtpunktzahl Aufgabe 1: 12

2 Beschreiben Sie die Fototransduktion in den Zapfen von Wirbeltieren und vergleichen Sie die Absorptionsspektren in Abbildung 01! (Anforderungsbereiche I, II und III)

- Die Fototransduktion beschreibt die Signalkette in den Außensegmenten der Fotorezeptoren, durch die der physikalische Lichtreiz in ein elektrisches Membranpotenzial und damit letztlich in einen Nervenimpuls umgewandelt wird.
- Das einfallende Licht wird zunächst vom Farbstoff 11-cis-Retinal des betreffenden Fotopigments absorbiert, wodurch sich dessen räumliche Struktur zum all-trans-Retinal verändert.
- Dies führt zur Reaktion von Rhodopsin zu Metarhodopsin II, was die Aktivierung des Membranproteins Transducin bewirkt.
- Das aktivierte Transducin aktiviert das Enzym Phosphodiesterase, das dadurch katalytisch aktiv wird und den vorhandenen Spiegel an zyklischem Guanosinmonophosphat (cGMP) durch Spaltung zu GMP absenkt.
- Dieses lokale Absinken des intrazellulären cGMP-Spiegels in den Außensegmenten der Fotorezeptoren führt zu einem Verschließen des cGMP-gesteuerten Natriumionenkanals in der Membran und dadurch zu einer lokalen Hyperpolarisation der Zellmembran.
- Dieses Hyperpolarisationssignal breitet sich bis zur Synapse aus und führt dort durch die Absenkung der Glutamatfreisetzung zur Auslösung eines Aktionspotenzials in den nachgeschalteten Neuronen.

12 Punkte

Gemeinsamkeiten:
- Das Absorptionsspektrum des Stäbchenpigments ist bei normalsichtigen Menschen und bei Menschen mit totaler Achromatopsie identisch.

Unterschiede:
- Bei normalsichtigen Menschen sind alle Zapfentypen intakt, sodass sie alle Wellenlängen wahrnehmen können, die von den Zapfenpigmenten absorbiert werden. Entsprechend sind die Absorptionsspektren der drei Zapfenpigmente dargestellt.
- Menschen mit totaler Achromatopsie haben keine funktionstüchtigen Zapfen in der Netzhaut, sodass sie keine Wellenlängen wahrnehmen können, die von den drei Zapfenpigmenten absorbiert werden. Daher sind keine Absorptionsspektren der Zapfenpigmente dargestellt.

6 Punkte

Gesamtpunktzahl Aufgabe 2: 18

3 **Erläutern Sie die neurophysiologischen Folgen der Mutationen im *CNGA3*- und *CNGB3*-Gen und stellen Sie eine Hypothese auf, warum diese zur totalen Farbenblindheit führen! Stellen Sie eine Hypothese über die Auswirkung der Farbsehstörung auf die Farbwahrnehmung auf!** (Anforderungsbereiche II und III)	
– Punktmutationen in der DNA-Sequenz der beiden Gene führen dazu, dass unterschiedliche Aminosäuren in das jeweils codierte Protein eingebaut werden. – Die Genprodukte dieser beiden Gene sind Membranproteine, welche die α- beziehungsweise ß-Untereinheit des cGMP-gesteuerten Natriumionenkanals der Zapfenmembran bilden, und spielen somit eine wesentliche Rolle bei der Fototransduktion in allen Zapfentypen. – Eine Veränderung der Aminosäuresequenz der Membranproteine, beeinträchtigt deren Funktion und somit die Funktion des cGMP-gesteuerten Natriumionenkanals in der Zapfenmembran. – Die Natriumionenkanäle können sich nicht schließen, sodass die Zapfenmembran nicht hyperpolarisiert wird und somit kein Aktionspotenzial in den nachgeschalteten Neuronen entsteht.	8 Punkte
Mutationen im *CNGA3*- oder *CNGB3*-Gen ziehen bei Homozygotie vermutlich den Funktionsverlust aller Zapfen nach sich, was die totale Farbenblindheit verursacht.	2 Punkte
Eine totale Achromatopsie wird durch einen Funktionsverlust aller Zapfen verursacht, was dazu führt, dass die Betroffenen keine Farben mehr wahrnehmen können. Sie sehen vermutlich nur noch Grautöne.	2 Punkte
Gesamtpunktzahl Aufgabe 3:	**12**
Gesamtpunktzahl Material:	**42**

Name:	
Klausur Nr.:	Datum:

Vom Reiz zur Reaktion

Material: Überwachung der Muskelrelaxation während einer Operation

A Wirkung von Muskelrelaxanzien

Bei vielen Operationen sind auch leichte Bewegungen des Patienten störend. Deshalb werden zum Beispiel bei Augenoperationen Medikamente eingesetzt, die zur Erschlaffung der Skelettmuskeln führen, die Muskelrelaxanzien. Zunächst werden die kleinen Muskeln der Augen und Finger, die durch viele Motoneuronen innerviert sind, reversibel gelähmt, dann die Extremitätenmuskeln und zuletzt die Muskeln des Rumpfs. Da davon auch das Zwerchfell betroffen ist, muss beim Einsatz von Muskelrelaxanzien während einer Narkose der Patient beatmet werden.

Muskelrelaxanzien wirken an den motorischen Endplatten. Sie besetzen die postsynaptischen Acetylcholin-Rezeptoren der Natriumionenkanäle. Dort haben sie unterschiedliche Wirkung. Depolarisierende Muskelrelaxanzien wie Succinylcholin binden an die Rezeptoren und öffnen schlagartig Natriumionenkanäle. Durch die Depolarisation kommt es kurzzeitig zu kleinen Muskelzuckungen; nach ungefähr 60 Sekunden jedoch erschlafft der Muskel. Succinylcholin wird sehr langsam von einer im Blut vorhandenen Plasmacholin-Esterase abgebaut.

Bei den nicht depolarisierenden Muskelrelaxanzien, zum Beispiel Pancuronium, bewirkt die Bindung des Medikaments an die postsynaptischen Rezeptoren einen Verschluss der Natriumionenkanäle. Die muskellähmende Wirkung setzt nach wenigen Minuten ein.

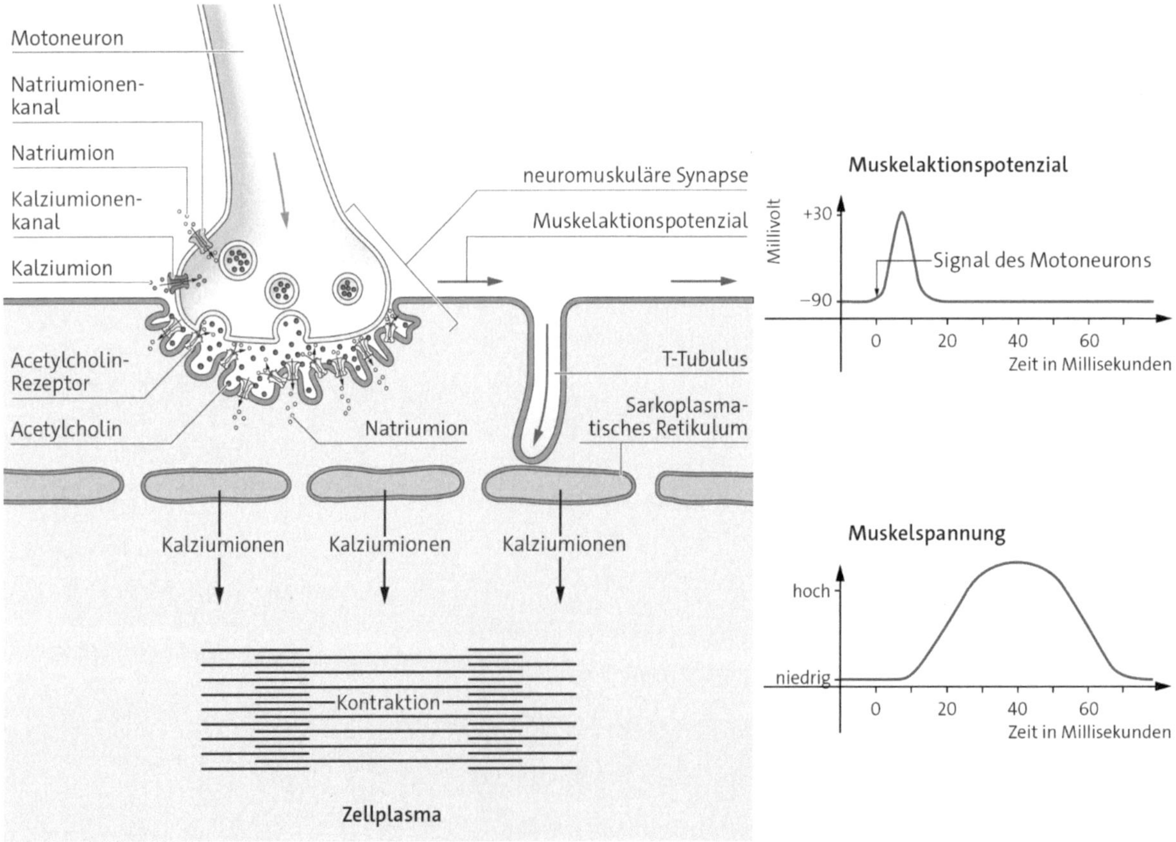

01 Abläufe an einer neuromuskulären Synapse

Name:	
Klausur Nr.:	Datum:

B TOF-Monitoring

Um das Ausmaß der Erschlaffung der Muskulatur zu überwachen und das Aufwachen nach einer Operation zu kontrollieren, setzen Mediziner eine neuromuskuläre Überwachungsmethode, ein Monitoring, ein. Dazu werden Motoneuronen im Unterarm künstlich über eine außen an die Haut angelegte Elektrode elektrisch gereizt. Da der Unterarmnerv mit vier sehr kurz aufeinanderfolgenden Reizen stimuliert wird, nennt man das Verfahren auch Train-of-four, kurz TOF. Als Reaktion wird die Stärke der Muskelkontraktion der Testmuskeln in Daumen oder Zeigefinger gemessen. Anhand der Ergebnisse beurteilt der Anästhesist, ob die Wirkung ausreichend ist, um die Operation gefahrlos zu beginnen, oder die Dosierung verändert werden muss. Dazu berechnet er das Verhältnis der ersten Reizantwort nach Gabe des Muskelrelaxans (T1) zur ungehemmten Reaktion. Beträgt dieses Verhältnis weniger als 25 Prozent, dann liegt eine ausreichende Blockade vor. Bei nicht depolarisierenden Relaxanzien ist das genau dann der Fall, wenn die vierte Reizantwort (T4) gerade verschwindet. Kommt es zu einer Überdosierung eines Muskelrelaxans, so kann in vielen Fällen ein Acetylcholin-Esterasehemmer als Gegengift (Antidot) gespritzt werden.

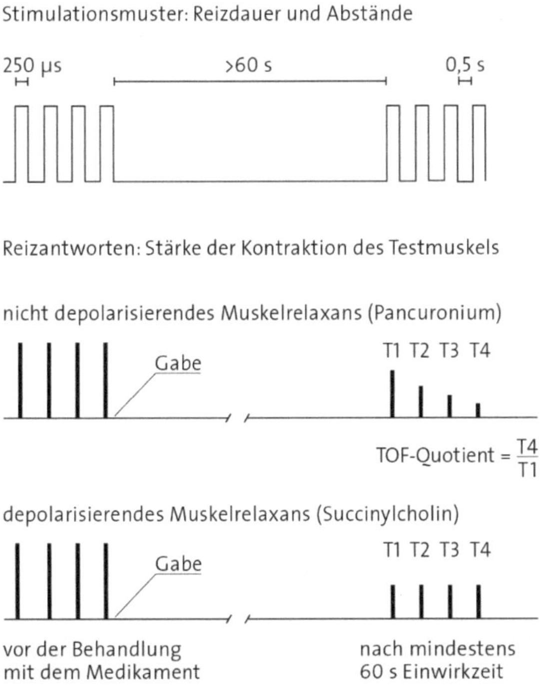

02 Stimulationsmuster und Stärke der Muskelkontraktion (Reizantwort) vor und nach dem Einsatz von zwei verschiedenen Muskelrelaxanzien

1 Erläutern Sie die Erregungsübertragung an einer neuromuskulären Synapse ohne Einwirkung von Muskelrelaxanzien! (20 Punkte)

2 Erläutern Sie Vorgehensweise und Notwendigkeit des neuromuskulären Monitorings und beschreiben Sie die Messergebnisse! Erklären Sie die unterschiedlichen Untersuchungsergebnisse nach Einwirken der beiden verschiedenen Muskelrelaxanzien! (32 Punkte)

3 Diskutieren Sie, ob Acetylcholin-Esterasehemmer als Antidot für beide Muskelrelaxanzien geeignet sind! (12 Punkte)

Vom Reiz zur Reaktion

Material: Überwachung der Muskelrelaxation während einer Operation	**Punkte**
1 Erläutern Sie die Erregungsübertragung an einer neuromuskulären Synapse ohne Einwirkung von Muskelrelaxanzien! (Anforderungsbereich I)	
– Das ankommende Aktionspotenzial am Synapsenendknöpfchen der neuromuskulären Synapse bewirkt die Öffnung von Kalziumionenkanälen. – Dadurch wandern transmittergefüllte Vesikel zur präsynaptischen Membran. – Sie verschmelzen mit der präsynaptischen Membran, sodass der Transmitter Acetylcholin ausgeschüttet wird. – Er diffundiert durch den synaptischen Spalt und lagert sich an die Rezeptoren der Natriumionenkanäle in der postsynaptischen Membran an. – Dies bewirkt die Öffnung von Natriumionenkanälen und den Einstrom von Natriumionen in die Muskelfaser. – An der Muskelzelle wird ein Muskelaktionspotenzial ausgelöst.	12 Punkte
Elektromechanische Kopplung: – Das Muskelaktionspotenzial wird über die Muskelfasermembran bis tief ins Innere einer Muskelfaser geleitet. – Dort bewirkt es das Ausschütten von Kalziumionen aus dem Sarkoplasmatischen Retikulum. – Die Erhöhung der Kalziumionenkonzentration ermöglicht die Kontraktion der Sarkomere, sodass der Muskel kontrahiert. *Die genaue Darstellung des Gleitfilamentmechanismus wird hier nicht erwartet.*	8 Punkte
Gesamtpunktzahl Aufgabe 1:	**20**
2 Erläutern Sie Vorgehensweise und Notwendigkeit des neuromuskulären Monitorings und beschreiben Sie die Messergebnisse! Erklären Sie die unterschiedlichen Untersuchungsergebnisse nach Einwirken der beiden verschiedenen Muskelrelaxanzien! (Anforderungsbereiche I, II und III)	
– Beim neuromuskulären Monitoring während einer Operation geht es darum, unwillkürliche und störende Muskelzuckungen zu unterbinden. – Die Überwachung erfolgt so, dass zunächst efferente Neuronen im Unterarm standardisierten elektrischen Reizen von 250 Mikrosekunden im Abstand von 0,5 Sekunden vor dem Einsatz eines Muskelrelaxans ausgesetzt werden und die Muskelreaktion in den Fingern als Reizantwort gemessen wird. – Dann werden nach dem Einsatz des Medikaments die gleichen Reize wieder gegeben und die Reizantwort untersucht. Liegt die Reaktionsstärke der ersten Reizantwort nach Gabe des Relaxans (T1) unter 25 Prozent des Ausgangswertes, dann kann mit der Operation begonnen werden.	6 Punkte
Notwendigkeit des Monitorings: – Die Überwachung dient zum Beispiel der Vorbereitung der Operation, um einen verfrühten Beginn zu verhindern. Während der Operation kann das Monitoring genutzt werden, um die Medikamentendosis ggf. anzupassen. – Bei der Beendigung der Operation und dem Aufwachen ist das Monitoring hilfreich, um zu erkennen, ob der Patient wieder selbstständig atmen kann.	4 Punkte
nicht depolarisierendes Muskelrelaxans: – Nach mindestens 60 Sekunden Wirkzeit des Medikaments kommt es zu einer kontinuierlichen Abnahme der Muskelkontraktion. – Bereits auf den ersten Reiz hin liegt die Stärke der Muskelkontraktion der untersuchten Fingermuskeln nur noch bei etwa 25 Prozent und sinkt dann schrittweise auf 0 Prozent. *depolarisierendes Muskelrelaxans:* – Nach mindestens 60 Sekunden liegt die Kontraktionsstärke bei allen vier Reizungen bei etwa 25 Prozent.	6 Punkte

nicht depolarisierendes Muskelrelaxans: – Das Muskelrelaxans lagert sich an die Rezeptoren der Natriumionenkanäle an, wodurch sich die Kanäle schließen. – Nicht depolarisierende Muskelrelaxanzien wirken offenbar kompetitiv zu Acetylcholin. – Die Bindung des Muskelrelaxans an die Rezeptoren erfolgt nach und nach. – Je mehr Rezeptoren vom Hemmstoff besetzt sind, desto geringer fällt die Kontraktionsstärke aus.	8 Punkte
depolarisierendes Muskelrelaxans: – Auch die depolarisierenden Muskelrelaxanzien binden an die Rezeptoren der Natriumionenkanäle, allerdings kommt es zu einer Öffnung der Kanäle. – Dies bewirkt Muskelzuckungen. – Nach ungefähr 60 Sekunden liegt eine Dauerdepolarisation der postsynaptischen Membran vor, da der Natriumioneneinstrom weiter andauert. – Ein Muskelaktionspotenzial kann nicht mehr oder nur abgeschwächt entstehen.	8 Punkte
Gesamtpunktzahl Aufgabe 2:	**32**
3 Diskutieren Sie, ob Acetylcholin-Esterasehemmer als Antidot für beide Muskelrelaxanzien geeignet sind! (Anforderungsbereich III)	
– Wird die Acetylcholin-Esterase gehemmt, so baut sie weniger Transmitter ab, und Acetylcholin verbleibt länger im synaptischen Spalt. – Somit führt die Hemmung des Enzyms zu einer Konzentrationserhöhung des Transmitters im synaptischen Spalt.	4 Punkte
– Acetylcholin wirkt kompetitiv zu Pancuronium (nicht depolarisierendes Muskelrelaxans). Es verdrängt je nach Konzentration das Medikament von den Rezeptoren. – Acetylcholin-Esterasehemmer sind somit als Antidot geeignet, die Lähmungserscheinungen werden reduziert.	4 Punkte
– Die Konzentrationserhöhungen des Transmitters verstärken die anfänglichen Muskelzuckungen bei einem depolarisierenden Muskelrelaxans, das ist eine unerwünschte Wirkung. Auch der dauerhafte Einstrom von Natriumionen wird verstärkt. Die Wirkung des Medikaments und seine Nebenwirkungen würden noch verstärkt werden. – Somit sind Acetylcholin-Esterasehemmer nicht als Antidot für Succinylcholin (depolarisierendes Muskelrelaxans) geeignet.	4 Punkte
Gesamtpunktzahl Aufgabe 3:	**12**
Gesamtpunktzahl Material:	**64**

Name:	
Klausur Nr.:	Datum:

Vom Reiz zur Reaktion

Material: Manganvergiftung

A Ungewöhnliche Parkinson-Erkrankung nach Drogenkonsum
In Lettland zeigten 23 Patienten, die seit ungefähr acht Jahren die leistungssteigernde Droge Methamphetamin konsumieren, auffällige Veränderungen in ihren Bewegungen. In der Anfangsphase der Erkrankung kam es bei manchen Patienten zu motorischer Unruhe und unkontrollierten Bewegungen und Krämpfen. Nach einiger Zeit zeigten alle Patienten Parkinson-ähnliche Gangbeschwerden und Gleichgewichtsstörungen. Sie stürzten häufiger, Bewegungen und Sprache waren verlangsamt, ein Patient konnte sich nur noch mit dem Rollstuhl fortbewegen. Diese Symptome erinnern an einige typische Merkmale der Parkinson-Krankheit.
Da die Symptome nicht direkt mit der Wirkung der konsumierten Drogen in Zusammenhang gebracht werden konnten, führten die Ärzte weitere Untersuchungen durch. Sie entdeckten deutlich erhöhte Manganwerte im Blut. Die Drogenabhängigen litten offenbar unter den Folgen einer Manganvergiftung. Sie hatten bei der Synthese der Droge das manganhaltige Kaliumpermanganat verwendet und injiziert. Mangan ist ein Schwermetall. Zu Manganvergiftungen kann es im Erzbergbau und auch bei der Fabrikation von Batterien kommen, wenn die Arbeiter nicht durch Sicherheitsmaßnahmen vor den schwermetallhaltigen Stäuben geschützt werden. Wird Mangan mit der Atemluft aufgenommen, so wirkt es toxisch. Es gelangt über den Blutkreislauf auch ins Gehirn und kann sich in den Basalganglien ablagern. Mangan wirkt dort zerstörerisch auf hemmende, GABAerge Neuronen und auf dopaminerge Neuronen. Diese strukturellen Veränderungen können mithilfe einer strukturellen Magnetresonanztomografie, kurz MRT, sichtbar gemacht werden. Sind die Betroffenen über Jahre hinweg Mangan ausgesetzt, so kann es zu einem Krankheitsbild mit Parkinson-ähnlichen Symptomen kommen. Anders jedoch als Parkinson-Patienten sprechen die Betroffenen bei einer Manganvergiftung besonders im späteren Stadium nicht auf die Behandlung mit L-DOPA an.

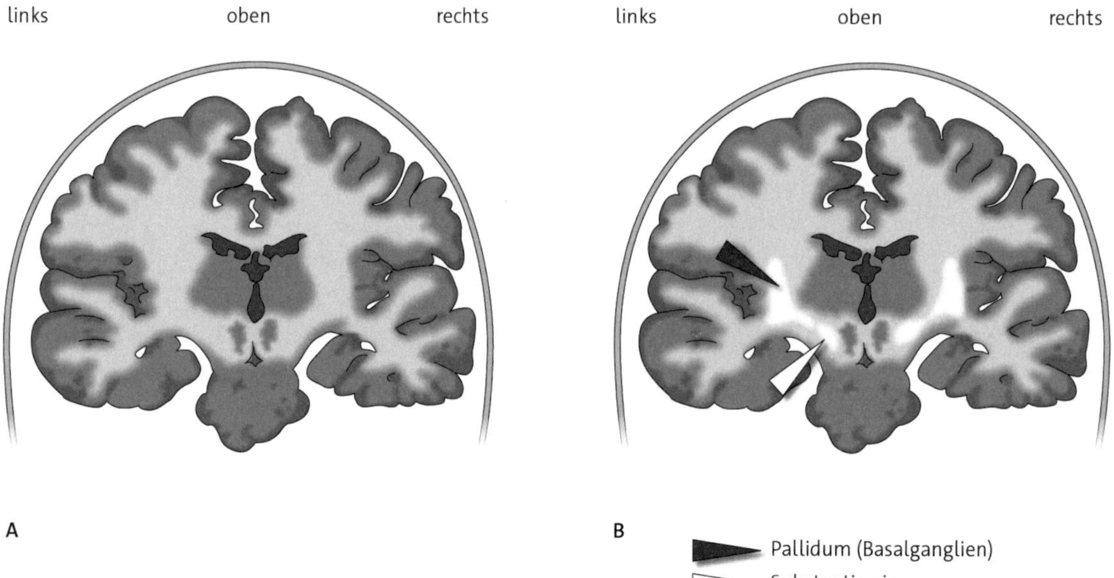

01 Ergebnis einer MRT: A gesunde Person, B Person mit Manganvergiftung

Name:	
Klausur Nr.:	Datum:

B Die Enthemmungshypothese

Wichtig für das Starten einer zielgerichteten Bewegung ist die Aktivität des Thalamus. Der Thalamus kann über erregende Neuronen die Aktivität des Motorkortex beeinflussen und den Beginn und Ablauf von Bewegungen modulieren.

Die Basalganglien regulieren die Aktivität des Thalamus. Hemmende Neuronen, die zum Pallidum gehören, weisen eine durchgehende Spontanaktivität in Ruhe auf. Sie schütten den Transmitter GABA aus. Dadurch wird der Thalamus gehemmt. Diese Hemmung des Thalamus in Ruhephasen kann reduziert werden, indem die Spontanaktivität des Pallidums verringert wird. Dies geschieht durch hemmende, GABAerge Neuronen des Striatums. Ist das Striatum durch Kortexareale aktiviert, die Umgebungsreize verarbeiten und Bewegungen planen, so ist der hemmende Einfluss des Striatums auf das Pallidum größer. Die hemmende Spontanaktivität des Pallidums lässt somit nach, der Thalamus wird enthemmt. Gleichzeitig wird das Striatum durch dopaminerge Neuronen aus der Substantia nigra aktiviert. Geht die Substantia nigra – wie bei der typischen Parkinson-Krankheit – zugrunde, so ist die Regulation der Bewegungsaktivität gravierend beeinträchtigt.

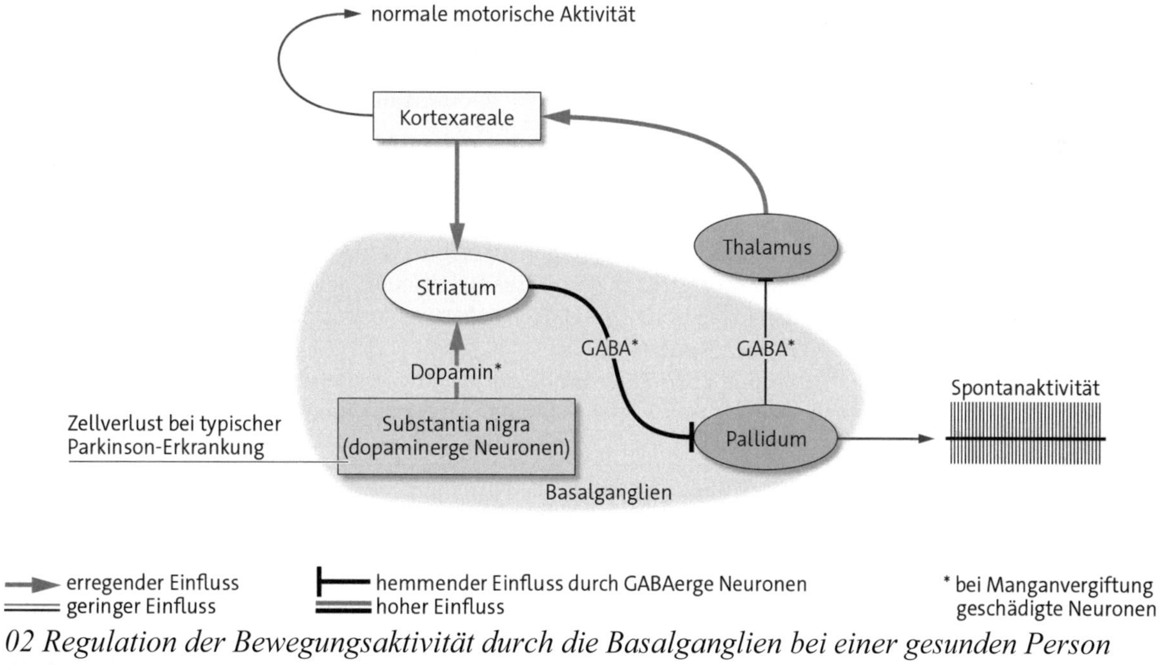

02 Regulation der Bewegungsaktivität durch die Basalganglien bei einer gesunden Person (Schema)

1 Erläutern Sie die Enthemmungshypothese und erklären Sie die regulierende Wirkung der Basalganglien auf die Bewegungsaktivität! (12 Punkte)

2 Werten Sie die Informationen über Wirkorte und Folgen einer Manganvergiftung aus und entwickeln Sie Hypothesen zu den Ursachen der Symptome der Patienten mithilfe der Abbildungen! (18 Punkte)

3 Begründen Sie, warum eine Behandlung mit L-Dopa bei Manganvergiftung meist wenig erfolgversprechend ist! (6 Punkte)

Vom Reiz zur Reaktion

Material: Manganvergiftung

		Punkte
1	**Erläutern Sie die Enthemmungshypothese und erklären Sie die regulierende Wirkung der Basalganglien auf die Bewegungsaktivität!** (Anforderungsbereiche I und II)	
–	Die Enthemmungshypothese besagt, dass die hemmenden Einflüsse des Pallidums auf den Thalamus durch hemmende Einflüsse des Striatums reduziert werden. – Somit wird der Thalamus, der durch die Spontanaktivität des Pallidums gezügelt wird, enthemmt und somit aktiver.	4 Punkte
–	Die normale motorische Bewegungsaktivität, vor allem das Starten von willentlichen Bewegungen, wird durch die Basalganglien moduliert. Zu den Basalganglien gehören das Striatum, das Pallidum und die Substantia nigra. – Das Striatum empfängt aktivierende Signale vom Kortex, zum Beispiel wenn Umweltinformationen, die Bewegungen erfordern, einwirken und verarbeitet werden. Es wird außerdem durch dopaminerge Fasern der Substantia nigra aktiviert. – Da das Striatum hemmende Verbindungen zum Pallidum besitzt, wird die Hemmung durch eine Aktivierung des Striatums verstärkt. – Dadurch wird die Spontanaktivität des Pallidums reduziert, der Thalamus aktiviert Kortexareale, die die Bewegung einleiten.	8 Punkte
	Gesamtpunktzahl Aufgabe 1:	**12**
2	**Werten Sie die Informationen über Wirkorte und Folgen einer Manganvergiftung aus und entwickeln Sie Hypothesen zu den Ursachen der Symptome der Patienten mithilfe der Abbildungen!** (Anforderungsbereiche II und III)	
–	Mangan ist ein Schwermetall, das auf die Basalganglien toxisch wirken kann. – Das MRT von Patienten mit Manganvergiftung zeigt Strukturveränderungen im Pallidum und der Substantia nigra. Besonders Neuronen, die GABA als hemmenden Transmitter besitzen, und dopaminerge Neuronen werden zerstört. – Motorische Unruhe und unkontrollierte Bewegungen in der Anfangsphase werden von Parkinson-ähnlicher Bewegungsarmut und Verlangsamung von Bewegungen und Sprache abgelöst.	6 Punkte
–	Werden hemmende Neuronen des Pallidums zerstört, so wird die hemmende Aktivität des Pallidums auf den Thalamus geringer. – Der Thalamus wirkt hyperaktivierend auf die Kortexareale. Dies würde die motorische Unruhe erklären. – Die Zerstörung der dopaminergen Neuronen der Substantia nigra würde ähnlich wie bei der typischen Parkinson-Erkrankung die Aktivierung des Striatums verringern. – Dadurch würde die hemmende Wirkung des Striatums auf das Pallidum nachlassen und die Hemmung des Thalamus erhöht. – Die typischen Parkinson-Symptome treten auf.	10 Punkte
–	Durch die Manganvergiftung werden sehr unterschiedliche Symptome hervorgerufen. Das liegt daran, dass unterschiedliche Gehirnareale, vor allem verschiedene Bereiche der Basalganglien, unterschiedlich stark durch die Einlagerung von Mangan geschädigt werden.	2 Punkte
	Gesamtpunktzahl Aufgabe 2:	**18**

3	**Begründen Sie, warum eine Behandlung mit L-Dopa bei Manganvergiftung meist wenig erfolgversprechend ist!** (Anforderungsbereiche II und III)	
–	L-Dopa ist eine Vorstufe von Dopamin. Wird diese Vorstufe medikamentös zugeführt, so wird bei Parkinson-Kranken zunächst mehr Dopamin gebildet und ausgeschüttet. Es kompensiert somit den Verlust von Zellen in der Substantia nigra.	6 Punkte
–	Wenn allerdings zu viele Zellen in der Substantia nigra durch Mangan geschädigt sind oder Mangan auf die Ausschüttung des Transmitters wirkt, dann hilft eine Gabe von L-Dopa nicht.	
–	Ebenfalls kann L-Dopa nicht eingesetzt werden, wenn vor allem die hemmenden Neuronen des Striatums oder Pallidums gleichzeitig durch Mangan geschädigt sind.	
	Gesamtpunktzahl Aufgabe 3:	**6**
	Gesamtpunktzahl Material:	**36**

Name:	
Klausur Nr.:	Datum:

Vom Reiz zur Reaktion

Material: Provozierter Eisprung

A Fortpflanzung bei Katzen

Wenn die weibliche Katze in der Hochphase des Zyklus paarungsbereit ist, biegt sie ihren Schwanz zur Seite, duckt sich und macht tänzelnde Bewegungen. Der Kater fasst das Weibchen mit den Zähnen im Nackenfell und vollzieht die nur wenige Sekunden dauernde Begattung. Typisch ist der Begattungsschrei, den die Katze ausstößt, wenn der Kater seinen Penis zurückzieht. Denn an der Eichel des Katers befinden sich verhornte Schleimhautbildungen, die wie kleine Widerhaken fungieren und als Penisstacheln bezeichnet werden. Beim Zurückziehen verhaken diese sich in der muskulären Vaginawand und reizen so Mechanorezeptoren. Die Katze schlägt den Kater mit einigen Pfotenhieben in die Flucht. Erst nach der Begattung erfolgt ein Eisprung.

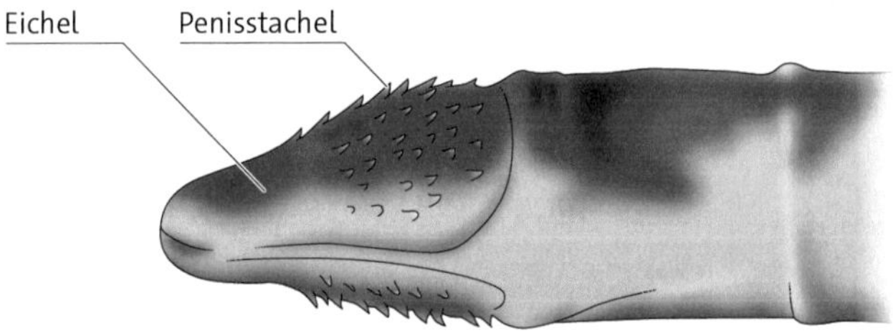

01 Penis des Katers mit Penisstacheln

B Hormonelle Regulation der Ovulation bei der Katze

Weibliche Katzen sind, abhängig von der Länge des Tages, während einer bestimmten Jahreszeit mehrmals paarungswillig. Daher bezeichnet man ihren Sexualzyklus als saisonal polyöstrisch. Der Zyklus lässt sich in vier Phasen unterteilen: Während des Proöstrus reifen die Eizellen heran. Ist die Katze paarungsbereit und trägt sie mehrere reife Eizellen, befindet sie sich im Östrus. Erfolgt keine Begattung, ergeben sich zwischen den Östrusphasen unterschiedlich lange Phasen ohne Symptome der Rolligkeit. Eine solche Phase nennt man Interöstrus. In den Herbst- und Wintermonaten erfolgt eine sexuelle Ruhephase, der Anöstrus.

Name:	
Klausur Nr.:	Datum:

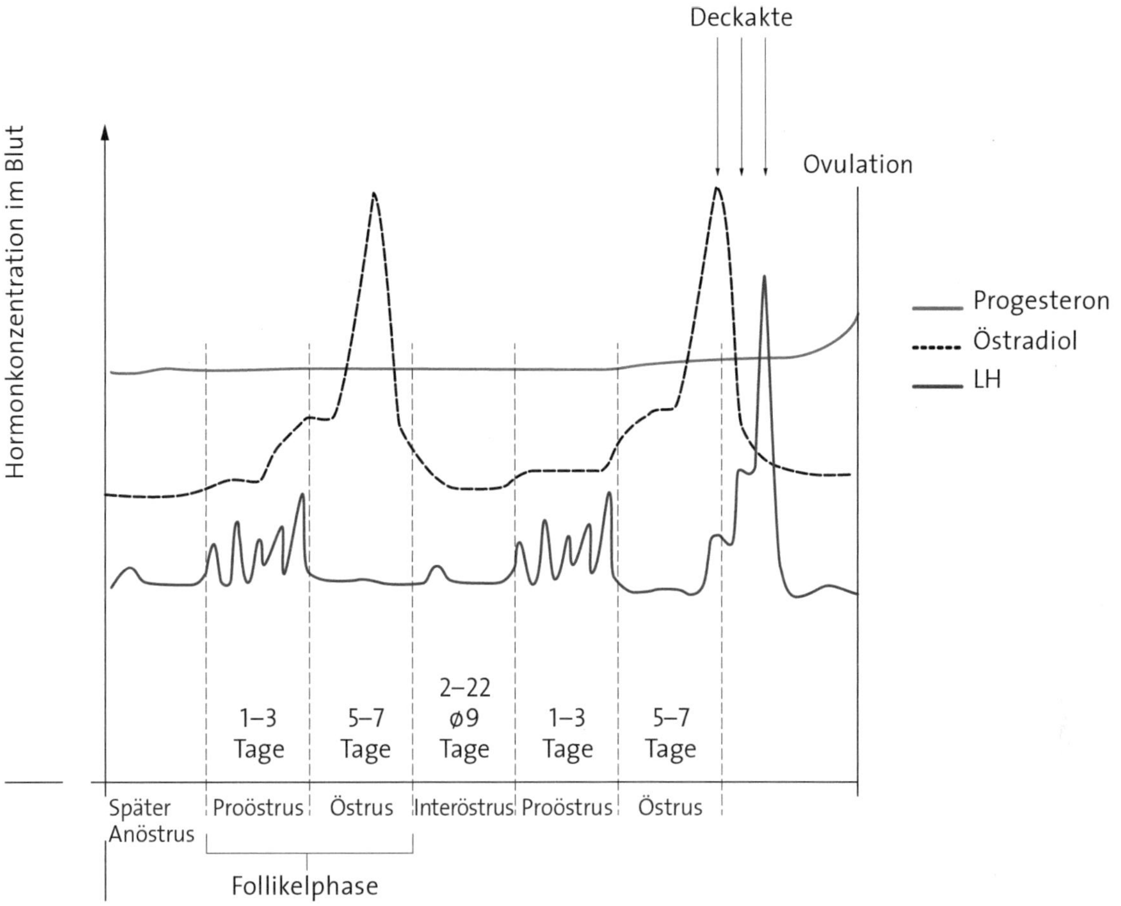

02 Sexualzyklus der Katze

1 Beschreiben Sie anhand des Materials, wie bei der Katze der Eisprung ausgelöst wird! (16 Punkte)

2 Erklären Sie den Mechanismus zur Regulation der Ovulation bei der Katze und den dafür verwendeten Fachbegriff des neuro-endokrinen Reflexwegs! (16 Punkte)

3 Vergleichen Sie die Ovulationsregulation bei Katze und Mensch! (18 Punkte)

Vom Reiz zur Reaktion

Material: Provozierter Eisprung

		Punkte
1	**Beschreiben Sie anhand des Materials, wie bei der Katze der Eisprung ausgelöst wird!** (Anforderungsbereiche I und II)	
	– Der Eisprung erfolgt erst nach der Begattung. – Die Eichel des Katerpenis verfügt über Penisstacheln, durch die beim Herausziehen des Penis aus der Vagina Mechanorezeptoren in der muskulären Vaginawand gereizt werden.	6 Punkte
	– Eine leichte Erhöhung der Konzentration des luteinisierenden Hormons markiert die Phase des Proöstrus. – Dadurch reift eine Eizelle zusammen mit den sie umgebenden Follikelzellen heran. Diese beginnen Östradiol zu produzieren. – Dies stimuliert die weitere Reifung der Eizelle und den Aufbau der Uterusschleimhaut. – Das Ende der Follikelphase wird erreicht, wenn die Konzentration an Östradiol im Blut ihr Maximum erreicht hat. – Nach der Begattung erfolgt eine starke Ausschüttung des luteinisierenden Hormons. Der hohe LH-Spiegel löst die Ovulation aus.	10 Punkte
	Gesamtpunktzahl Aufgabe 1:	**16**
2	**Erklären Sie den Mechanismus zur Regulation der Ovulation bei der Katze und den dafür verwendeten Fachbegriff des neuro-endokrinen Reflexwegs!** (Anforderungsbereiche II und III)	
	– Die Mechanorezeptoren in der Vaginawand werden gereizt und senden eine Erregung über das Rückenmark zum Gehirn. – Der Prozess der Eizellenreifung wird vom Hypothalamus gesteuert, der über ein Freisetzungshormon, das Gonadotropin-Releasing-Hormon, kurz GnRH, die Adenohypophyse stimuliert. – Diese schüttet das luteinisierende Hormon aus, welches über das Blut zum Eierstock und zur reifen Eizelle gelangt und den Eisprung auslöst.	10 Punkte
	– Da dieser Ablauf immer gleich erfolgt, handelt es sich um einen Reflex, der von den Mechanorezeptoren bis zur Erregung der Adenohypophyse eine neuronale Komponente aufweist, die eine hormonelle Reaktion bewirkt. Daher spricht man von einem neuro-endokrinen Reflexweg.	6 Punkte
	Gesamtpunktzahl Aufgabe 2:	**16**

3 Vergleichen Sie die Ovulationsregulation bei Katze und Mensch! (Anforderungsbereich III)	
Gemeinsamkeiten: – Bei beiden Regulationsprozessen werden die Reifung der Eizelle und die Ovulation letztlich über ein hormonelles Regelsystem gesteuert. – Dieses Regelsystem wird über die Adenohypophyse kontrolliert, die durch das Gonadotropin-Releasing-Hormon zur Bildung weiterer Hormone angeregt wird. – Die Hormone LH und Östradiol bewirken die Eizellreifung und eine LH-Ausschüttung führt zur Ovulation.	9 Punkte
Unterschiede: – Beim Menschen spielt mit dem follikelstimulierenden Hormon, kurz FSH, ein weiteres gonadotropes Hormon eine große Rolle bei der Eizellbildung und Ovulation. FSH fördert die Eizellbildung und damit auch die Östradiolproduktion. – Das Ende der Follikelphase wird erreicht, wenn die Konzentration an Östradiol im Blut so hoch ist, dass über eine nur unter diesen Bedingungen vorkommende positive Rückkopplung die FSH- und LH-Ausschüttung über die Adenohypophyse gefördert wird. – Dieser durch einen hormonellen Regulationsprozess gesteuerte Ovarialzyklus findet ganzjährig regelmäßig statt. – Bei der Katze erfolgt die zur Ovulation führende LH-Produktion anlassbezogen durch die Reizung der Mechanorezeptoren in der Vaginawand. So wird die Wahrscheinlichkeit einer Befruchtung erhöht.	9 Punkte
Gesamtpunktzahl Aufgabe 3:	**18**
Gesamtpunktzahl Material:	**50**

Name:	
Klausur Nr.:	Datum:

Vom Reiz zur Reaktion

Material: Folgen von chronischem Stress im Tiermodell

A Tupaias als Modellorganismen für die Auswirkungen von chronischem Stress

Menschen reagieren unterschiedlich auf chronischen Stress. Sowohl Schäden des Herz-Kreislauf-Systems und Herzversagen als auch depressive Erkrankungen werden mit der andauernden Einwirkung von Stressoren in Zusammenhang gebracht. In der neurobiologischen Grundlagenforschung untersuchen Wissenschaftler am Tiermodell die physiologischen und neurobiologischen Zusammenhänge zwischen Stressoren und der Entstehung von Folgeerkrankungen. Sie wollen auf diese Weise die Ursachen verstehen und Behandlungsmöglichkeiten für den Menschen ableiten.

Diese Untersuchungen werden oft an Tupaias durchgeführt, da sie sichtbar empfindlich auf psychosoziale Stressoren reagieren und ihre physiologische Stressreaktion der des Menschen sehr ähnelt. Tupaias sind tagaktive Säugetiere und leben unter natürlichen Bedingungen paarweise in Territorien zusammen. Gegenüber fremden Artgenossen verteidigen sie das Revier heftig. Besonders die Männchen attackieren auch im Labor fremde Männchen sofort und kämpfen kurz und intensiv, bis ein Sieger feststeht. Ist ein Sieger bestimmt, reduziert sich die Erregung des dominanten Männchens rasch, der Verlierer wird kaum noch beachtet. Die unterlegenen Tiere gehen den Siegern unter natürlichen Bedingungen aus dem Weg und erholen sich ebenfalls rasch. Werden die unterlegenen Tiere jedoch über längere Zeit mit dem dominanten Tier zum Beispiel in einem Nachbarkäfig konfrontiert, so verändern sich die unterlegenen Tiere gravierend in ihrem Verhalten und ihrem körperlichen Allgemeinzustand. Den Forschern fiel auf, dass Art und Ausmaß der Veränderungen bei den unterlegenen Tieren sehr unterschiedlich war. Sie konnten zwei typische Reaktionsmuster auf die Anwesenheit eines sozialen Stressors unterscheiden. Werden die Tiere aus der belastenden Situation genommen, so verbessert sich ihr Allgemeinzustand wieder deutlich.

01 Tupaia (Tupaia belangeri)

Name:	
Klausur Nr.:	Datum:

Subdominantes Reaktionsmuster	Submissives Reaktionsmuster
Verhalten: Überaktivität; Lauern; Ausweichen; evtl. Verteidigung	Verhalten: Verstecken, Unterwerfung, Passivität, Vernachlässigung
Physiologie: erhöhte Aktivität des Sympathikus und des Nebennierenmarks, Cortisolwerte verändert, Körpermasse verändert, Immunstatus normal	Physiologie: normale bis verringerte Aktivität des Sympathikus und des Nebennierenmarks, Cortisolwerte verändert, Körpermasse verändert, Immunstatus verschlechtert (struppiges Fell)
↓ „Fight-or-flight“	↓ Apathie; depressive Symptome

02 Typische Reaktionsmuster von unterlegenen Tupaias auf soziale Stressoren

B Physiologische Auswirkungen von sozialem Stress

In einer Studie wurde die Veränderung der Cortisolwerte und der Körpermasse der Tupaias unter dem Einfluss chronischer Belastung durch die Anwesenheit eines dominanten Tiers untersucht (insgesamt 84 Versuchstiere und 20 Kontrolltiere).

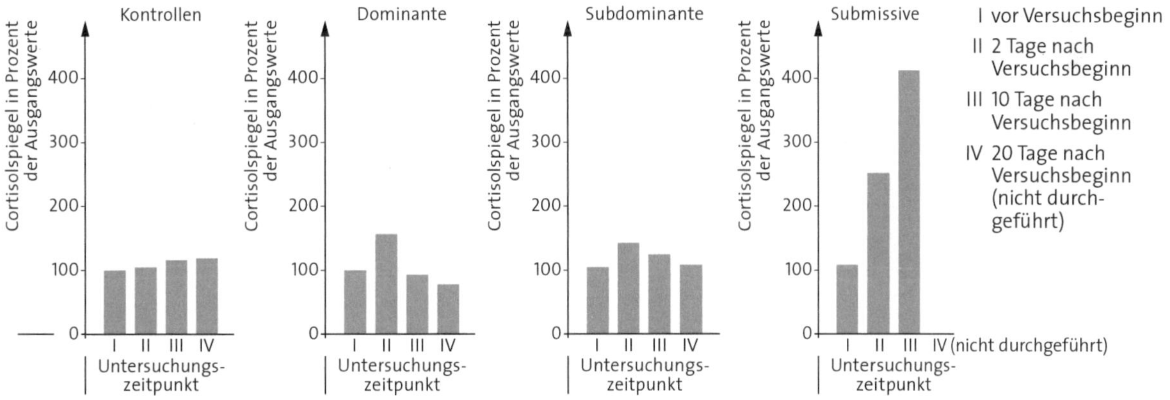

03 Cortisolwerte der Tupaias

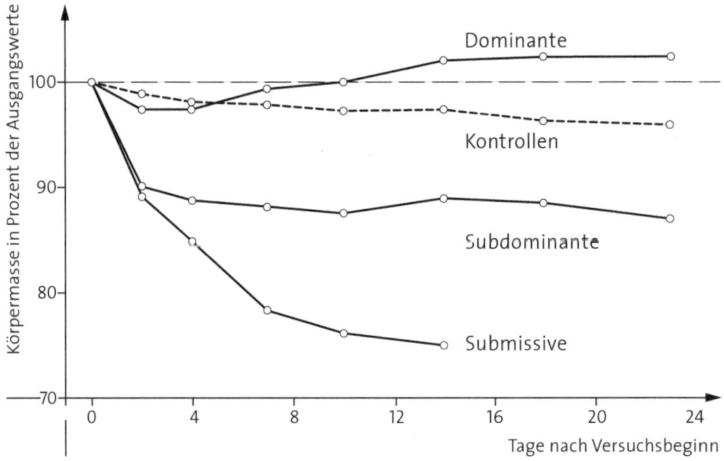

04 Körpermasse der Tupaias

Name:	
Klausur Nr.:	Datum:

C Zwei Wege der Stressentstehung

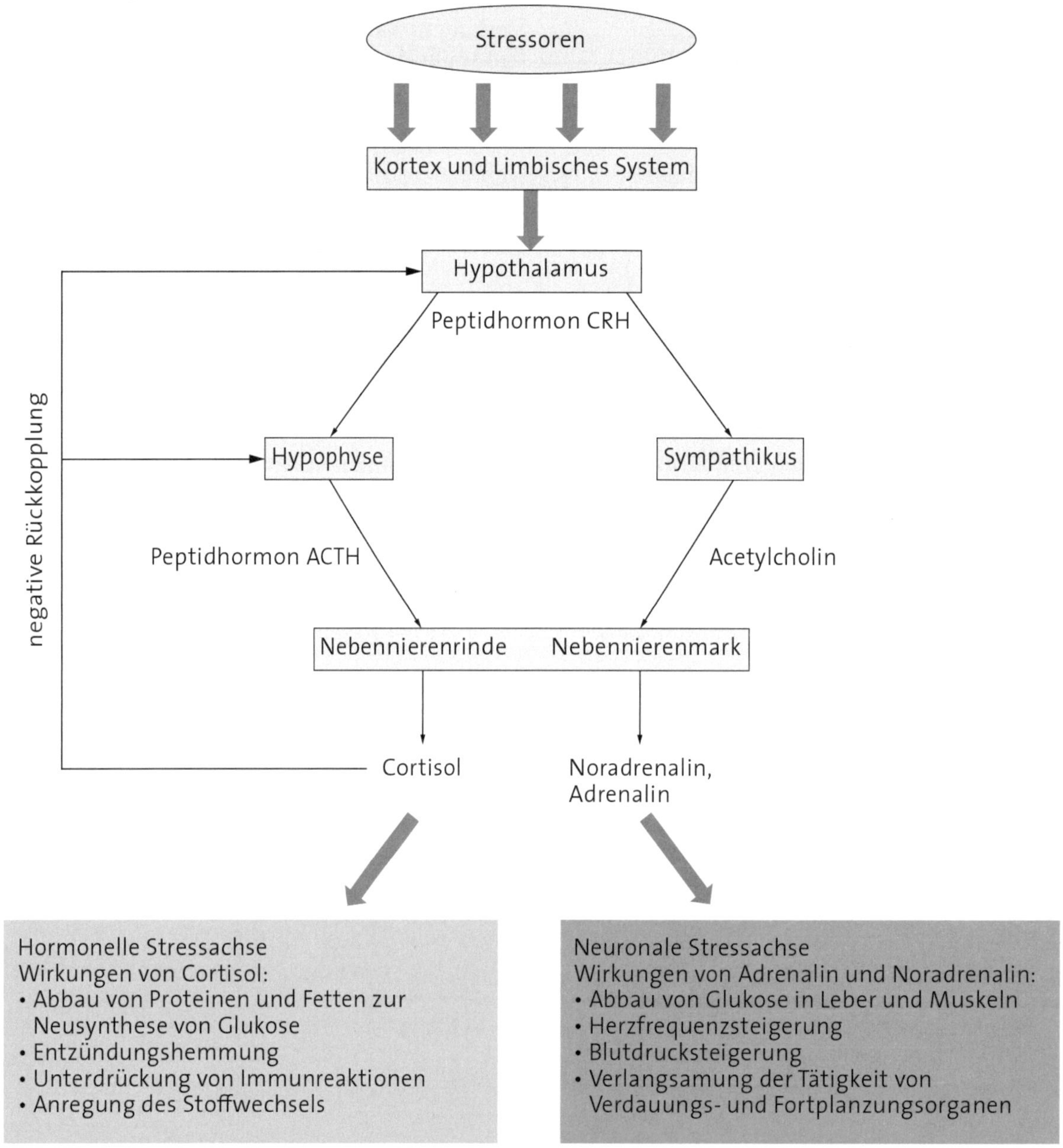

05 Stressachsen und ihre physiologischen Auswirkungen

1 Beschreiben Sie die zwei Wege der Stressentstehung mithilfe der Abbildung 05! (20 Punkte)

2 Beschreiben Sie die Untersuchungsergebnisse zu den Cortisolwerten und der Körpermasse der Tupaias! Erklären Sie den unterschiedlichen Allgemeinzustand der unterlegenen Tupaia-Männchen in Anwesenheit eines dominanten Männchens! (40 Punkte)

3 Entwickeln Sie begründet Untersuchungsansätze, um mögliche Störungen der Stresshormonregulation bei Menschen mit stressbedingten Depressionen zu ermitteln! (6 Punkte)

Vom Reiz zur Reaktion

Material: Folgen von chronischem Stress im Tiermodell	**Punkte**
1 Beschreiben Sie die zwei Wege der Stressentstehung mithilfe der Abbildung 05! (Anforderungsbereich I)	
– Wirken Stressoren auf den Menschen ein, so werden diese vom Kortex und vom limbischen System verarbeitet. – Dadurch wird der Hypothalamus aktiviert. Er schüttet das Hormon CRH aus und löst nun auf zwei verschiedenen Wegen kurzfristige und langfristige Stressreaktionen aus. – Über die neuronale Stressachse wird der Sympathikus aktiviert. Er bewirkt neben der neuronalen Steigerung von Herz- und Atemfrequenz die Ausschüttung von Adrenalin aus dem Nebennierenmark. – Dieses Stresshormon fördert die Alarmreaktion, der Körper wird auf Kampf bzw. Flucht vorbereitet.	8 Punkte
– Gleichzeitig wird über die hormonelle Stressachse die Hypophyse aktiviert. Sie schüttet das Hormon ACTH aus, das in der Nebennierenrinde die Freisetzung von Cortisol bewirkt. – Cortisol unterstützt den Körper bei der Langzeitanpassung an die Stressoren, indem es die Widerstandskraft und Leistungsfähigkeit des Körpers über längere Zeit aufrechterhält.	8 Punkte
– Cortisol bewirkt über eine negative Rückkopplung die Hemmung von Hypothalamus und Hypophyse. Dadurch nimmt die hormonelle Stressreaktion wieder ab.	4 Punkte
Gesamtpunktzahl Aufgabe 1:	**20**
2 Beschreiben Sie die Untersuchungsergebnisse zu den Cortisolwerten und der Körpermasse der Tupaias! Erklären Sie den unterschiedlichen Allgemeinzustand der unterlegenen Tupaia-Männchen in Anwesenheit eines dominanten Männchens! (Anforderungsbereiche II und III)	
– In Abbildung 03 sind die Cortisolwerte in Prozent der Ausgangswerte bei dominanten, subdominanten und submissiven Tupaia-Männchen dargestellt. Diese Werte werden mit einer Kontrollgruppe verglichen. – Die Cortisolwerte wurden vor sowie 2 Tage nach, 10 Tage nach und 20 Tage nach Versuchsbeginn ermittelt. – Bei den Kontrolltieren ohne chronischen Stress lassen sich kaum prozentuale Veränderungen des Cortisolwertes innerhalb der 20 Versuchstage messen. – Bei den dominanten Tieren zeigt sich ein Anstieg der Cortisolwerte zwei Tage nach Versuchsbeginn, also kurz nach den Rangordnungskämpfen. Die Werte sinken anschließend unter den Ausgangswert. – Die subdominanten Tiere zeigen ebenfalls zwei Tage nach Versuchsbeginn einen Anstieg der Cortisolwerte, die danach wieder auf den Ausgangswert sinken. – Bei den submissiven Tieren liegt der Cortisolwert nach zwei Tagen bereits bei über 250 Prozent, er hat sich also mehr als verdoppelt. Nach zehn Tagen ist er auf 400 Prozent des Ausgangswerts gestiegen. Für den vierten Messzeitpunkt (20 Tage nach Versuchsbeginn) liegen keine Messwerte vor. Der Versuch mit diesen Tieren wurde offenbar abgebrochen.	12 Punkte
– In Abbildung 04 ist die Körpermasse in Prozent der Ausgangswerte bei dominanten, subdominanten und submissiven Tupaia-Männchen dargestellt. Diese Werte werden mit einer Kontrollgruppe verglichen. – Die Körpermasse wurde alle zwei bis fünf Tage bis zum 23. Tag nach Versuchsbeginn ermittelt. – Bei den Kontrolltieren nimmt die Körpermasse im Verlauf der 23 Messtage allmählich um etwa 4 Prozent ab. – Bei den dominanten Männchen steigt die Körpermasse nach anfänglichem Absinken um etwa 2 Prozent. – Bei den subdominanten Tieren sinkt die Körpermasse zu Beginn des Versuchs auf etwa 90 Prozent des Ausgangswerts und bleibt dann konstant.	12 Punkte

– Bei den submissiven Tieren kommt es zu einer Reduktion der Körpermasse um etwa 25 Prozent des Ausgangswerts innerhalb von 14 Tagen. Danach liegen keine Messwerte mehr vor. Der Versuch mit diesen Tieren wurde offenbar abgebrochen.	
– Subdominante Männchen zeigen ein „Fight-or-flight“-Verhalten. Bei ihnen ist die neuronale Stressachse stärker aktiviert. – Auf neuronalem Weg wird das Nebennierenmark aktiviert und schüttet Adrenalin aus. Dieses Stresshormon bewirkt eine Alarmreaktion, Herz und Kreislauf sind aktiviert, die Muskeln werden auf Anspannung vorbereitet. – Die Cortisolwerte steigen nur kurz nach dem Kampf an. – Erhöhte Cortisolwerte führen zum Abbau von Reserven zur Neusynthese von Glukose, sodass Energie bereitgestellt wird. So ist der anfängliche Gewichtsverlust zu erklären. – Danach sinkt der Cortisolwert wieder. Dies lässt sich mit der hemmenden Wirkung des Cortisols auf Hypothalamus und Hypophyse erklären. *Zusatzinformation: Es könnte auch zu einer lernbedingten Neubewertung des Stressors kommen: Die Tiere machen die Erfahrung, dass das dominante Männchen zwar anwesend ist, sie aber durch die Glasscheibe oder das Gitter getrennt nicht attackieren kann.*	10 Punkte
– Die submissiven Männchen zeigen eine andere Verhaltens- und Stoffwechselreaktion auf den chronischen sozialen Stress. Bei ihnen liegt eine Hyperaktivierung der hormonellen Stressachse vor. – Sie verhalten sich eher passiv, während gleichzeitig hohe Cortisolwerte bewirken, dass Reserven abgebaut und das Immunsystem unterdrückt wird. – Die hohen Cortisolwerte haben offenbar keinen regulierenden Effekt auf Hypothalamus und Hypophyse. Der Cortisolwert steigt sogar im Laufe der Zeit weiter an.	6 Punkte
Gesamtpunktzahl Aufgabe 2:	**40**
3 Entwickeln Sie begründet Untersuchungsansätze, um mögliche Störungen der Stresshormonregulation bei Menschen mit stressbedingten Depressionen zu ermitteln! (Anforderungsbereich III)	
Mögliche Untersuchungsansätze, die aus den Daten des Tiermodells zu entwickeln sind: – Das Verhalten von an schweren Depressionen erkrankten Menschen ähnelt wahrscheinlich stärker dem Verhalten der submissiven Tupaias. Abgeleitet aus den Daten des Tiermodells müsste untersucht werden: a) ob ein chronischer (sozialer) Stressor zu ermitteln ist; b) ob ein erhöhter Cortisolspiegel messbar ist; c) ob die Selbstregulation der hormonellen Stressachse durch Cortisol nicht funktioniert; d) ob die neuronale Stressachse gehemmt ist und dadurch ein „Fight-or-flight“-Verhalten fehlt.	4 Punkte
– Eine mögliche Ursache für das Ungleichgewicht der beiden Stressachsen könnte eine Unempfindlichkeit der Cortisol-Rezeptoren im Hypothalamus und der Hypophyse gegenüber Cortisol oder eine angeborene oder erworbene Überempfindlichkeit der hormonellen Stressachse sein.	2 Punkte
Gesamtpunktzahl Aufgabe 3:	**6**
Gesamtpunktzahl Material:	**66**

Name:	
Klausur Nr.:	Datum:

Vom Reiz zur Reaktion

Material: Koffein

A Fakten über Kaffee

Kaffee ist das beliebteste Getränk der Deutschen. Daher ist das im Kaffee enthaltene Koffein die am meisten konsumierte pharmakologisch aktive Substanz. Besonders die morgendlichen Kaffeetrinker hoffen auf die belebende Wirkung des Koffeins, das bereits 20 Minuten nach dem Konsum seine Wirkung im Gehirn entfaltet, dabei aber nicht den Nucleus accumbens stimuliert. Koffein regt in mäßiger Konzentration das Nervensystem an und beschleunigt Herztätigkeit, Stoffwechsel und Atmung. Die Blutgefäße im Gehirn verengen sich. Blutdruck und Körpertemperatur steigen an. Dies führt insgesamt zu einem reduzierten Müdigkeitsgefühl. Bei Dauerkonsumenten beruht die belebende Wirkung allerdings vor allem darauf, die ohne Koffein auftretenden leichten Entzugserscheinungen wie Kopfschmerzen oder anhaltende Müdigkeit abzumildern. Eine leistungssteigernde Wirkung im Vergleich zu Personen, die selten Koffein konsumieren, besteht nicht.

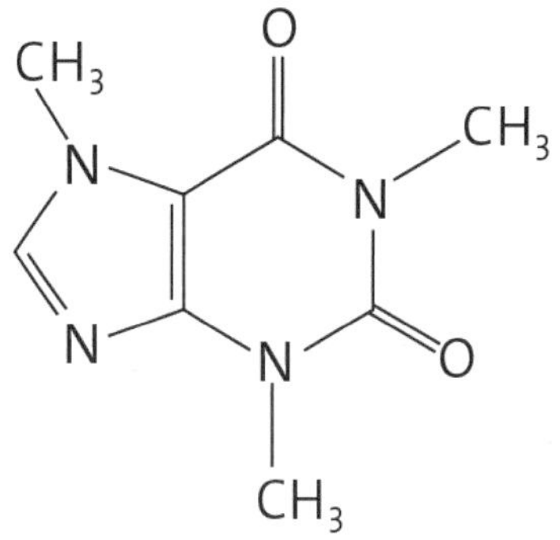

01 Strukturformel des Koffeins

B Adenosin

Adenosin ist ein Abbauprodukt der energieübertragenden Verbindung Adenosintriphosphat. Adenosin blockiert die Ausschüttung von allen aktivierenden Neurotransmittern, wie zum Beispiel Dopamin, Acetylcholin oder Glutamat. Dies führt zu einer Weitung der Blutgefäße und damit zu einem sinkenden Blutdruck. Es verringert außerdem die Herzfrequenz. Adenosin stimuliert einen bestimmten Bereich des Hypothalamus, sodass die Gehirnareale, die den Schlaf-Wach-Rhythmus regulieren, durch den Neurotransmitter GABA gehemmt werden, und wirkt so ermüdend.

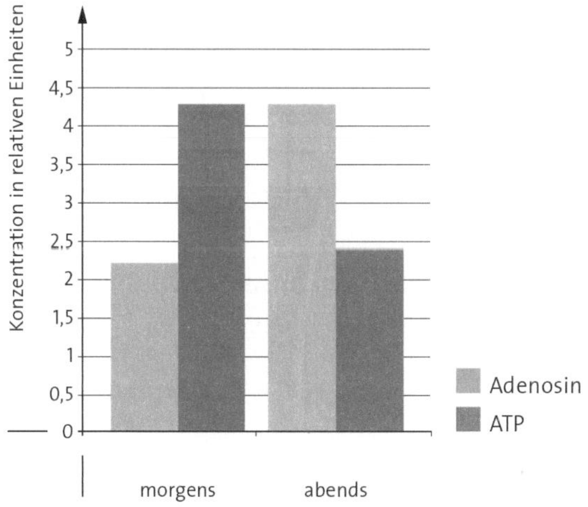

02 ATP- und Adenosinkonzentration in Gehirnzellen

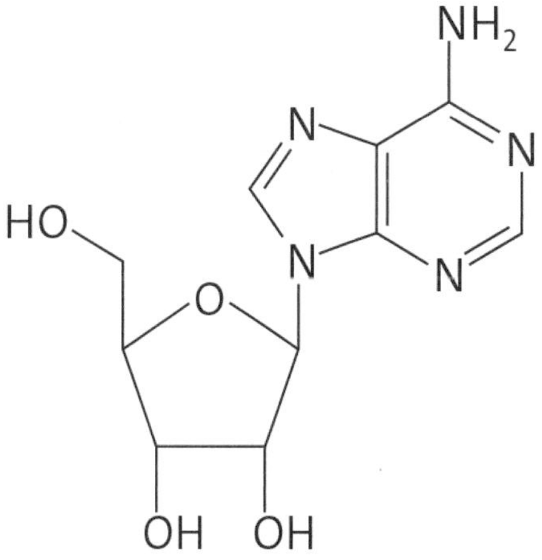

03 Strukturformel des Adenosins

Name:	
Klausur Nr.:	Datum:

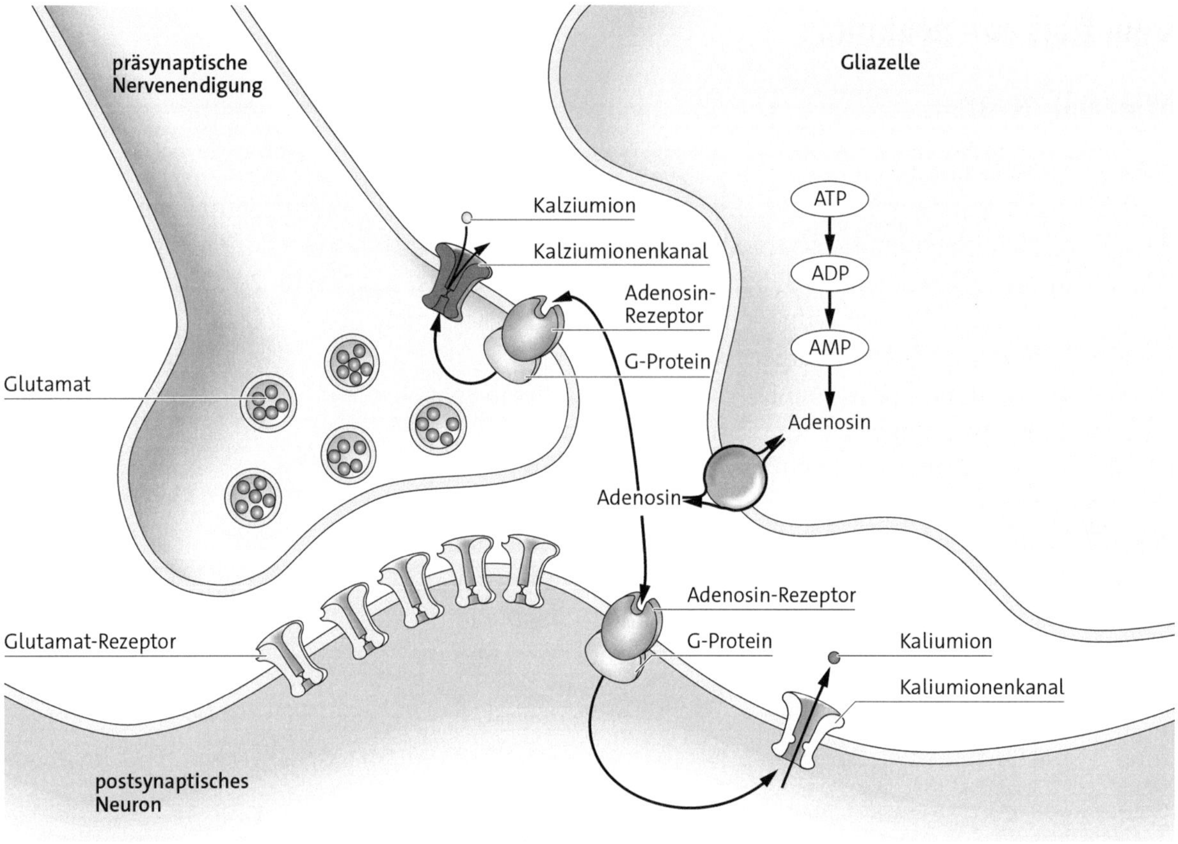

04 Wirkung des Adenosins als Neuromodulator

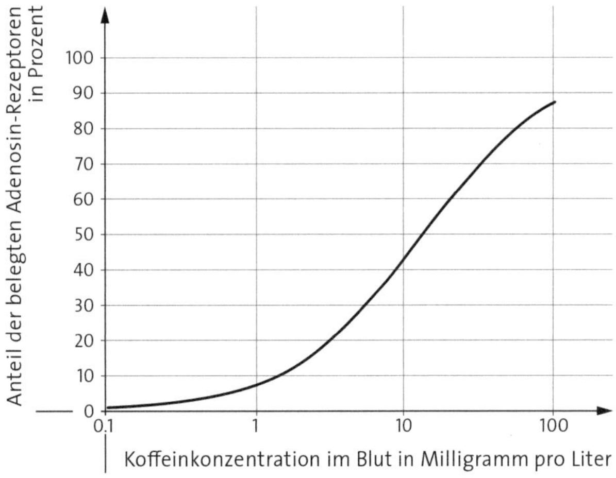

05 Belegung der Adenosin-Rezeptoren in Abhängigkeit von der Koffeinkonzentration im Blut

1 Beschreiben Sie die Wirkung des Adenosins auf den Körper und erklären Sie die unterschiedlichen Konzentrationen im Tagesverlauf! (12 Punkte)

2 Erläutern Sie die neuromodulatorische Wirkung des Adenosins! (18 Punkte)

3 Stellen Sie jeweils eine Hypothese zum molekularen Wirkmechanismus des Koffeins, zu den molekularen Ursachen der Gewöhnung an Koffein und zum Abhängigkeitspotenzial des Koffeins auf! (20 Punkte)

Vom Reiz zur Reaktion

Material: Koffein

		Punkte
1	**Beschreiben Sie die Wirkung des Adenosins auf den Körper und erklären Sie die unterschiedlichen Konzentrationen im Tagesverlauf!** (Anforderungsbereiche I und II)	
–	Adenosin bewirkt eine Weitung der Blutgefäße, eine Blutdrucksenkung und Verringerung der Herzaktivität, indem es die Ausschüttung von aktivierenden Neurotransmittern hemmt. – Durch die Stimulierung bestimmter Bereiche des Hypothalamus kommt es zudem zu einer verstärkten Müdigkeit.	4 Punkte
–	Die Konzentration des Adenosins ist morgens etwa halb so hoch wie abends und etwa halb so hoch wie die des ATP, dessen Konzentration im Tagesverlauf sich um etwa die Hälfte reduziert, während die Adenosinkonzentration sich verdoppelt.	4 Punkte
–	Da Adenosin ein Abbauprodukt des ATP ist, stehen die Werte in einem direkten Zusammenhang. Je länger ein Tag mit entsprechender Gehirnaktivität andauert, desto mehr ATP wird zu Adenosin abgebaut. – Je höher die Adenosinkonzentration ist, desto stärker wird die Müdigkeit. Über Nacht kann die ATP-Konzentration wieder erhöht werden.	4 Punkte
	Gesamtpunktzahl Aufgabe 1:	**12**
2	**Erläutern Sie die neuromodulatorische Wirkung des Adenosins!** (Anforderungsbereiche II und III)	
–	Adenosin bindet an spezifische Rezeptoren an der prä- oder postsynaptischen Membran und aktiviert intrazellulär ein G-Protein. – Bindet Adenosin an Rezeptoren an der präsynaptischen Membran bewirkt die vom G-Protein ausgehende Reaktionskaskade, dass in der Präsynapse die Öffnung der Kalziumionenkanäle gehemmt wird, sodass bei einem ankommenden Aktionspotenzial der Einstrom der Kalziumionen verringert wird. – Dadurch verschmelzen weniger synaptische Vesikel mit der präsynaptischen Membran und weniger Transmitter werden ausgeschüttet. Die Entstehung eines postsynaptischen Potenzials wird erschwert.	10 Punkte
–	Bindet Adenosin an Rezeptoren an der postsynaptischen Membran bewirkt die vom G-Protein ausgehende Reaktionskaskade eine Öffnung der Kaliumionenkanäle in der Postsynapse, sodass Kaliumionen ausströmen und das Membranpotenzial gesenkt wird. – Dies führt zu einer Hyperpolarisation, sodass die Weiterleitung eines postsynaptischen Potenzials erschwert wird. – Insgesamt wird die Erregbarkeit der Nervenzelle gehemmt.	8 Punkte
	Gesamtpunktzahl Aufgabe 2:	**18**

3 Stellen Sie jeweils eine Hypothese zum molekularen Wirkmechanismus des Koffeins, zu den molekularen Ursachen der Gewöhnung an Koffein und zum Abhängigkeitspotenzial des Koffeins auf! (Anforderungsbereich III)	
Molekularer Wirkmechanismus: – Koffein hat im Vergleich zu Adenosin entgegengesetzte Wirkungen wie eine Beschleunigung des Herzschlags, eine Verengung der Blutgefäße und eine Blutdruckerhöhung. Koffein ist also ein Antagonist zu Adenosin. – Die Strukturformeln beider Stoffe weisen eine gewisse strukturelle Ähnlichkeit auf, sodass Koffeinmoleküle auch an Adenosin-Rezeptoren binden können. – Bereits eine geringe Menge von 10 mg Koffein pro Liter Blut führt dazu, dass 50 Prozent der Adenosin-Rezeptoren von Koffeinmolekülen besetzt sind. – Koffeinmoleküle konkurrieren mit Adenosinmolekülen um die Bindung an die Rezeptoren, ohne das G-Protein zu aktivieren. – Durch diese kompetitive Hemmung der Wirkung des Adenosins fällt dessen hemmende Wirkung schwächer aus, die Erregbarkeit der Zellen wird nicht herabgesetzt und die Gehirnzellen werden weiter aktiviert.	12 Punkte
Molekulare Ursachen der Gewöhnung: – Bei immer wiederkehrendem Koffeinkonsum reagieren die Nervenzellen mit der Produktion zusätzlicher Adenosin-Rezeptoren, sodass eine höhere Dosis Koffein erfolgen müsste, um dieselbe Wirkung zu erzielen. Es tritt eine Gewöhnung ein.	4 Punkte
Abhängigkeitspotenzial: – Das Abhängigkeitsrisiko ist bei Koffein sehr gering, weil der Nucleus accumbens als Teil des Belohnungssystems des Gehirns nicht wie bei Drogen stimuliert wird. Die leichten Entzugserscheinungen sind auf die Wirkung auf die Adenosin-Rezeptoren zurückzuführen und sind nur vorübergehend.	4 Punkte
Gesamtpunktzahl Aufgabe 3:	**20**
Gesamtpunktzahl Material:	**50**

Name:	
Klausur Nr.:	Datum:

Vom Reiz zur Reaktion

Material: Schlafmittel

A □-Aminobuttersäure

□-Aminobuttersäure, kurz GABA, ist einer der wichtigsten Neurotransmitter im Zentralnervensystem des Menschen. Ein Drittel aller Synapsen im Gehirn ist GABAerg.

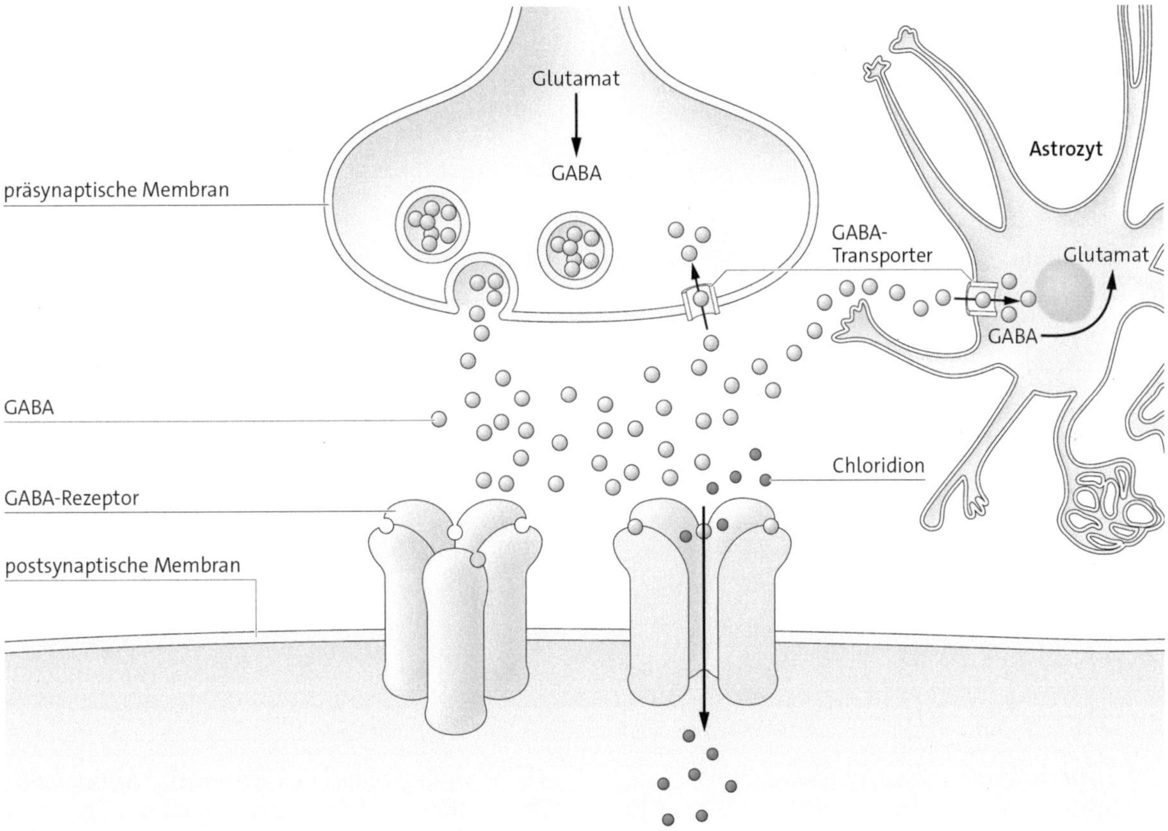

01 Signalübertragung an einer GABAergen Synapse

B Benzodiazepine

Benzodiazepine sind pharmazeutische Wirkstoffe mit angstlösenden, beruhigenden und schlaffördernden Eigenschaften. Daher nennt man sie Tranquilizer (lat. tranquillare = beruhigen). Hauptwirkort ist das limbische System, das die Stimmung und den inneren Antrieb reguliert. Die Benzodiazepin-Rezeptoren sind an den GABAergen Synapsen lokalisiert. Benzodiazepine dürfen nur unter ärztlicher Kontrolle verabreicht werden, da ihr Abhängigkeitspotenzial hoch ist. Bei einer Überdosierung wird der Wirkstoff Flumazenil als Gegenmittel (Antidot) eingesetzt, der bereits nach zwei Minuten wirkt, dessen Wirkung aber mit zwei Stunden nur relativ kurz anhält. Daher besteht bei länger wirksamen Benzodiazepinen die Gefahr der wiedereinsetzenden Wirkung nach dieser Zeit, des Rückschlags.

Name:	
Klausur Nr.:	Datum:

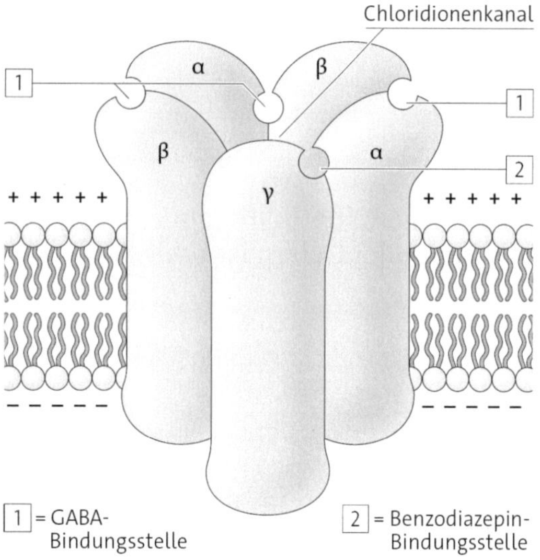

02 Schema eines Ionenkanal-gekoppelten GABA-Rezeptors

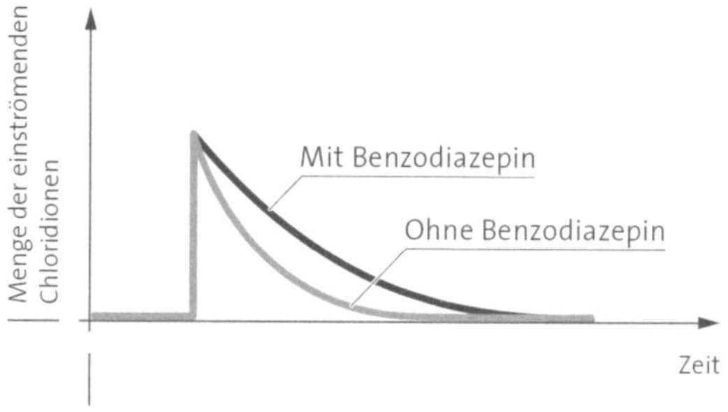

03 Einstrom der Chloridionen mit und ohne Benzodiazepin

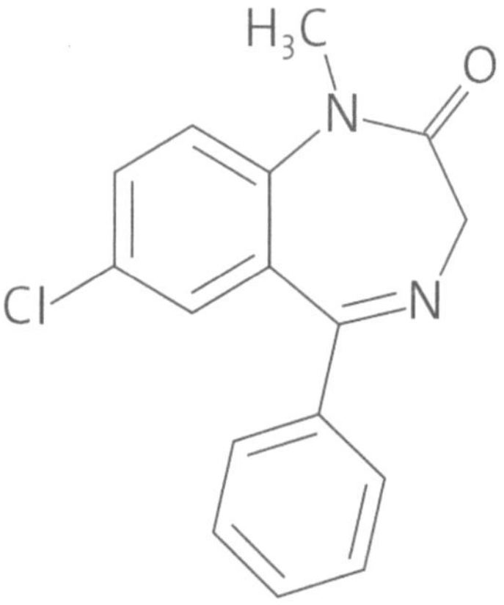

04 Strukturformel des Benzodiazepins Diazepam

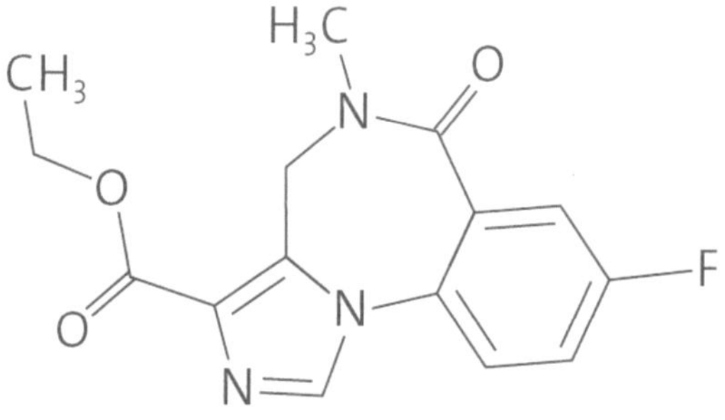

05 Strukturformel des Antidots Flumazenil

1 Beschreiben Sie den Ablauf der Signalübertragung an einer GABAergen Synapse! (16 Punkte)

2 Erläutern Sie den Wirkmechanismus eines Benzodiazepins an einer GABAergen Synapse und erklären Sie dessen sedierende Wirkung! (16 Punkte)

3 Stellen Sie eine Hypothese zur Wirkung des Antidots Flumazenil auf! (8 Punkte)

Vom Reiz zur Reaktion

Material: Schlafmittel

	Punkte
1 Beschreiben Sie den Ablauf der Signalübertragung an einer GABAergen Synapse! (Anforderungsbereiche I und II)	
– Erreicht ein Aktionspotenzial das Synapsenendknöpfchen, wird dessen Membran durch die Öffnung spannungsgesteuerter Natriumionenkanäle depolarisiert, sodass sich spannungsgesteuerte Kalziumionenkanäle öffnen. – Der entlang des elektrochemischen Gradienten erfolgende Kalziumioneneinstrom führt zu einer erhöhten Kalziumionenkonzentration im Zellinneren. – Je höher diese Konzentration ist, desto mehr synaptische Vesikel verschmelzen mit der präsynaptischen Membran. Durch Exozytose werden so zahlreiche Moleküle des Neurotransmitters γ-Aminobuttersäure, kurz GABA, in den synaptischen Spalt ausgeschüttet. Diese diffundieren zur postsynaptischen Membran.	6 Punkte
– Dort befinden sich ligandengesteuerte Ionenkanäle, die für Chloridionen permeabel sind. Die Bindungsstellen für GABA befindet sich zwischen den α- und β-Untereinheiten. – Sobald GABA an den Rezeptor bindet, öffnet sich die Kanalpore und Chloridionen strömen entlang des Konzentrationsgradienten in das Zellinnere. – Daraus resultiert eine Hyperpolarisation der Zelle, die das Entstehen eines Aktionspotenzials am Axonhügel erschwert. Daher spricht man vom inhibitorischen postsynaptischen Potenzial, kurz IPSP.	6 Punkte
– Die GABA-Moleküle werden über Transportmoleküle aus dem synaptischen Spalt in die Präsynapse und in Astrozyten transportiert und zu Glutamat abgebaut, wieder neu synthetisiert und in synaptische Vesikel eingelagert.	4 Punkte
Gesamtpunktzahl Aufgabe 1:	**16**
2 Erläutern Sie den Wirkmechanismus eines Benzodiazepins an einer GABAergen Synapse und erklären Sie dessen sedierende Wirkung! (Anforderungsbereiche II und III)	
– Die Benzodiazepine bewirken durch Bindung an die spezifische Bindungsstelle eine Veränderung der GABA-Bindungsstellen, die wiederum nach Bindung von GABA an diesen Rezeptor zu einer länger andauernden Öffnung des Chloridionenkanals führt. – Der dadurch erhöhte Chloridioneneinstrom induziert eine stärkere Hyperpolarisation der Nervenzelle und damit eine Inhibition der Depolarisation. – Die Wirkung der Benzodiazepine ist an die Anwesenheit von GABA gebunden. – Durch Bindung der Benzodiazepine an den Rezeptor kommt es postsynaptisch zu einer Verstärkung der GABAergen inhibitorischen Effekte.	10 Punkte
– Durch die verstärkte Wirkung von GABA kommt es zu einer geringeren Aktivität bestimmter ZNS-Areale und einer verminderten Antwort auf emotionelle und psychische Reize. – Durch die verringerte Erregungsübertragung im limbischen System ist die angstreduzierende Wirkung zu erklären, da das limbische System an der Entstehung von Emotionen beteiligt ist. – Durch die gehemmte Erregbarkeit im Gehirn kommt es zu den beruhigenden und schlaffördernden Effekten.	6 Punkte
Gesamtpunktzahl Aufgabe 2:	**16**

3	**Stellen Sie eine Hypothese zur Wirkung des Antidots Flumazenil auf!** (Anforderungsbereich III)	
–	Die strukturelle Ähnlichkeit des Flumazenils gegenüber Diazepam deutet darauf hin, dass Flumazenil ebenfalls an die Benzodiazepan-Bindungsstelle des Ionenkanal-gekoppelten GABA-Rezeptors binden kann, ohne die hemmende Wirkung des Neurotransmitters GABA zu verstärken.	8 Punkte
–	Es handelt sich also um eine kompetitive Hemmung. Die Bindung an den Rezeptor ist reversibel. Flumazenil wird relativ schnell abgebaut, wie angesichts der relativ kurzen Wirkdauer zu vermuten ist.	
	Gesamtpunktzahl Aufgabe 3:	**8**
	Gesamtpunktzahl Material:	**50**

Name:	
Klausur Nr.:	Datum:

Verhalten und Kognition

Material: Feindbilder – angeboren oder erworben?

A Beutegreifer gefährden den Nachwuchs

Zu den natürlichen Feinden der Amseln gehören Katzen, Eichhörnchen, Eulen, kleine Greifvögel, wie Habicht und Sperber, sowie Rabenvögel, vor allem Elstern. Die Nester werden zudem von Mardern geplündert. Erwachsene Amseln reagieren während des ganzen Jahres mit lauten Rufen, erregtem Flügelschlagen und Auffliegen auf die Anwesenheit von Beutegreifern. Dieses Verhalten wird Hassen oder Mobbing genannt.

Auf natürliche Feinde angemessen und schnell zu reagieren, ist überlebenswichtig für alle Vögel. Verhaltensforscher interessierte, ob das Hassverhalten von Amseln angeboren oder gelernt ist. Dazu entwickelten sie eine interessante Versuchsanordnung. Zwei männlichen Amseln wurde für kurze Zeit entweder ein ausgestopfter Habicht oder ein harmloser, den Amseln unbekannter Singvogel, der im europäischen Lebensraum der Amseln nicht vorkommt, in einer drehbaren Einrichtung gezeigt. Die Vögel konnten nicht sehen, was der Versuchspartner sieht, aber seine Reaktion, zum Beispiel die Hassrufe und das Angriffsverhalten, hören und beobachten. Untersucht wurde, wie sich der beobachtende Vogel verhält.

B Verhaltensversuch mit Amseln

01 Versuchsaufbau

Name:	
Klausur Nr.:	Datum:

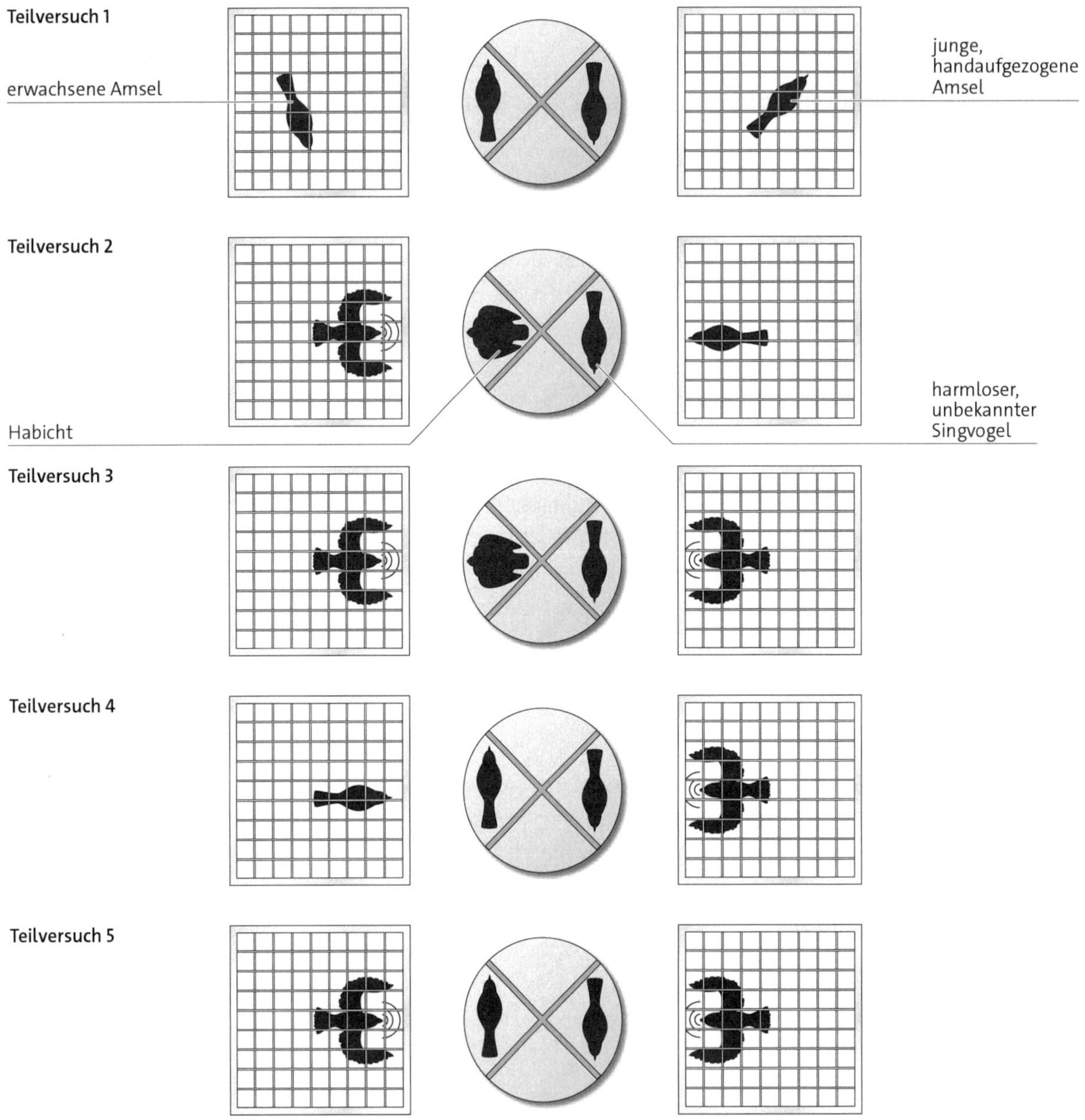

02 Versuchsergebnisse

1 Beschreiben Sie den Versuchsaufbau und die Versuchsergebnisse! (16 Punkte)

2 Deuten und diskutieren Sie die Versuchsergebnisse im Hinblick auf die Fragestellung! (14 Punkte)

3 Erklären Sie das Verhalten der Amseln in den Teilversuchen 2 bis 5 mithilfe Ihrer lernbiologischen und evolutionsbiologischen Kenntnisse! (16 Punkte)

Verhalten und Kognition

Material: Feindbilder – angeboren oder erworben?

	Punkte
1 Beschreiben Sie den Versuchsaufbau und die Versuchsergebnisse! (Anforderungsbereich I)	
Versuchsaufbau: – Auf einer Drehbühne wurde zwei Amseln für kurze Zeit entweder ein ausgestopfter Habicht oder ein ausgestopfter harmloser Singvogel gezeigt. – Dabei konnten die Amseln sich gegenseitig hören und sehen. Sie konnten aber nicht sehen, welcher Vogel dem Versuchspartner präsentiert wurde. – Bei dem einen Versuchstier handelte es sich um einen erwachsenen, erfahrenen Vogel, das andere war eine handaufgezogene, junge und unerfahrene Amsel.	6 Punkte
Versuchsergebnisse: – Im ersten Teilversuch wurde beiden Amseln ein harmloser, unbekannter Singvogel gezeigt. Beide Amseln reagierten uninteressiert. – Im zweiten Teilversuch sah die erfahrene Amsel einen Habicht, die unerfahrene wieder den harmlosen Singvogel. Erwartungsgemäß reagierte die erfahrene Amsel mit typischem Hassen: Sie schlug mit den Flügeln und gab laute Rufe von sich. Die unerfahrene Amsel war aufmerksam und interessiert. – Im dritten Teilversuch wurde dieselbe Versuchsanordnung wie in Teilversuch 2 gewählt. Nun reagierte auch die unerfahrene Amsel mit Hassverhalten. – Im vierten Teilversuch sahen beide Amseln den harmlosen Singvogel. Die Jungamsel reagierte mit Flügelschlagen und lautem Rufen (Hassen). Die erfahrene Amsel war aufmerksam und interessiert. – Im fünften Teilversuch sahen beide Amseln den harmlosen Singvogel und zeigten Hassverhalten.	10 Punkte
Gesamtpunktzahl Aufgabe 1:	**16**
2 Deuten und diskutieren Sie die Versuchsergebnisse im Hinblick auf die Fragestellung! (Anforderungsbereiche II und III)	
– In dem Versuch soll die Frage geklärt werden, ob Feindbilder bei Amseln angeboren oder erworben sind. Dazu wurde das Hassverhalten männlicher Amseln untersucht.	2 Punkte
– Vergleicht man das Ausgangsverhalten mit dem Verhalten im fünften Teilversuch, so hat sich das Verhalten gegenüber dem harmlosen Vogel verändert, hier wurde eine Reaktion gelernt. – Der Jungvogel hat in Teilversuch 2 gelernt, mit einer Alarmreaktion auf den ihm sichtbaren Vogel zu reagieren. Die erfahrene Amsel lernt in Teilversuch 4, mit einer Alarmreaktion auf den Singvogel zu reagieren, indem sie den Jungvogel beobachtet.	4 Punkte
– Hier findet Lernen durch Beobachten von Verhalten von Artgenossen statt. – Gelernt wird der Signalreiz, auf den das Verhalten erfolgt. – Das gelernte Wissen kann an andere Artgenossen weitergegeben werden.	4 Punkte
– Ob das Verhalten (Alarmreaktion, Hassen) selbst angeboren oder erworben ist, wurde hier nicht überprüft. – Auch kann aus diesem Versuch nicht geschlussfolgert werden, ob bereits angeborene Schemata oder Auslösemechanismen vorliegen. Dies ließe sich mit Attrappenversuchen klären.	4 Punkte
Gesamtpunktzahl Aufgabe 2:	**14**

3 **Erklären Sie das Verhalten der Amseln in den Teilversuchen 2 bis 5 mithilfe Ihrer lernbiologischen und evolutionsbiologischen Kenntnisse!** (Anforderungsbereich II)	
Lernbiologisch könnten die Schülerinnen und Schüler prüfen, ob es sich um klassisches oder operantes Konditionieren handelt. – Da hier gelernt wird, eine Reaktion auf einen Reiz zu zeigen, also die Verknüpfung von Reiz und Reaktion gelernt wird, und kein Verhalten belohnt wird, ist vom klassischen Konditionieren auszugehen. – Der Singvogel entspricht dem neutralen Reiz. Dieser Reiz wird im ersten Teilversuch getestet. Die Jungamsel reagiert mit Desinteresse. – Im zweiten Teilversuch wird der neutrale Reiz mit der Hassreaktion (lautes Schreien, Flattern) der erfahrenen Amsel verknüpft. Die Amsel reagiert auf Geräusch und Flattern mit Aufmerksamkeit (unbedingter Reiz, unbedingte Reaktion). – Wird der neutrale Reiz wieder dargeboten, reagiert die Amsel nun auf den neutralen Reiz mit der Alarmreaktion. Dieser ist zum konditionierten Reiz geworden. – In Teilversuch 4 und 5 wird deutlich, dass der Altvogel auf dieselbe Weise lernt: Auch hier wird ein ursprünglich neutraler Reiz zum Signal für ein Verhalten. Hier wird innerartlich ein gelerntes Wissen über Reize weitergegeben. *Zusatzinformation: Man bezeichnet diese Lernform als Imitationslernen.* – Evolutionsbiologisch lässt sich das Lernen von Verhalten als Selektionsvorteil erklären. Die Verhaltensreaktion und eventuell auch einfache Reizschemata sind angeboren. Die jeweiligen Auslöser der Reaktion werden gelernt. Das hat für das Überleben der Amseln in einer unterschiedlichen Umgebung Vorteile.	4 Punkte 8 Punkte 4 Punkte
Gesamtpunktzahl Aufgabe 3:	**16**
Gesamtpunktzahl Material:	**46**

Name:	
Klausur Nr.:	Datum:

Verhalten und Kognition

Material: Ist das Risikoverhalten Jugendlicher eine Folge der Gehirnentwicklung in der Pubertät?

A Erklärungsmodell für Risikoverhalten von Jugendlichen

Das Verhalten vieler Jugendlicher und junger Erwachsener ist durch eine erhöhte Bereitschaft, Risiken einzugehen, gekennzeichnet. Die Lust an extremen Gefühlen, einem emotionalen Kick, schlägt sich nicht nur in der Suche nach Abwechslung und extremen Erlebnissen nieder, sondern auch in einem erhöhten Gesundheitsrisiko.

Wissenschaftler versuchen Erklärungen für das erhöhte Risikoverhalten zu finden. Zunächst wurde angenommen, dass die Ursache des besonderen Risikoverhaltens allein in der langsamen Reifung des Präfrontalkortex bis zum Ende der Pubertät liegt. Diese Gehirnregion wird mit kognitiven Fähigkeiten wie Selbst- und Handlungskontrolle, Vernunft, Affektregulation und Emotionskontrolle sowie dem Planen und Risikoabschätzen in Verbindung gebracht.

In den letzten Jahren wird jedoch ein anderes Erklärungsmodell diskutiert, das die Reifung der subkortikalen Strukturen, vor allem des limbischen Systems, einbezieht. Das limbische System ist besonders an der Entstehung von Emotionen beteiligt. Ein Teil der limbischen Strukturen, der Nucleus accumbens, wird auch als Belohnungszentrum bezeichnet. Er ist aktiv, wenn Personen in einer Situation einen positiven Effekt, eine Belohnung, erwarten.

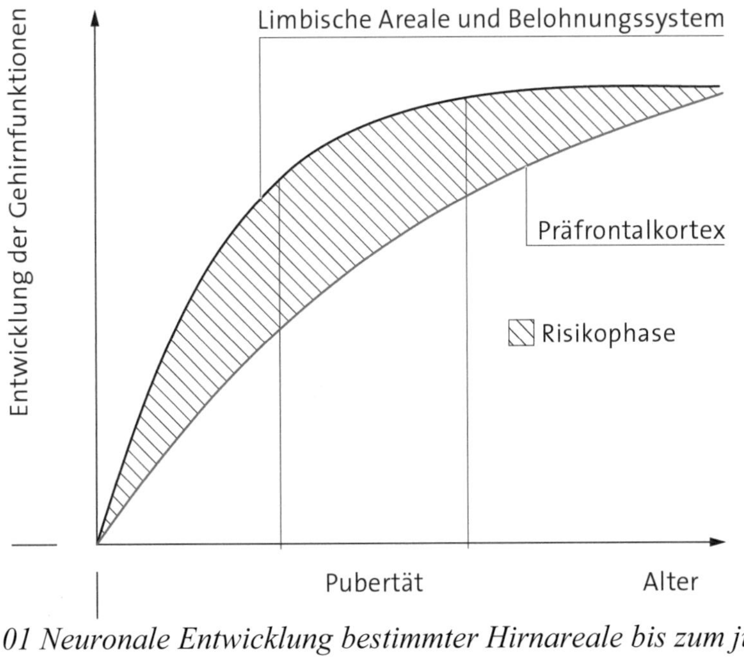

01 Neuronale Entwicklung bestimmter Hirnareale bis zum jungen Erwachsenenalter

B Aktivität des Nucleus accumbens und des Präfrontalkortex

Um mögliche Ursachen der Risikobereitschaft herauszustellen, untersuchten Forscher das, ob die Aussicht auf eine Belohnung in Form einer Gewinnsteigerung in einem Spiel Einfluss auf die neuronale Aktivität von Präfrontalkortex und Nucleus accumbens bei Kindern, Jugendlichen und Erwachsenen hat. Die Aktivität der beiden Gehirnregionen wurde in einer fMRT-Studie bei den einzelnen Versuchspersonen vor und während des Spielens untersucht und die Differenz bestimmt. Die Signalveränderungen dienen als Maß für die Aktivitätsveränderung der untersuchten Gehirnareale.

Name:	
Klausur Nr.:	Datum:

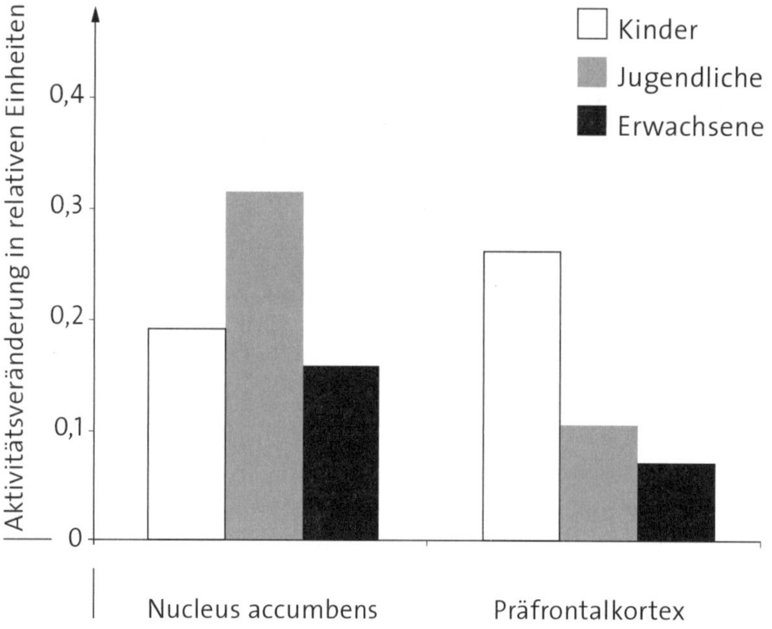

02 Aktivitätsveränderungen von Nucleus accumbens und Präfrontalkortex bei einem Gewinnspiel (fMRT-Untersuchung)

C Einfluss von Gleichaltrigen auf die Risikobereitschaft

In einer Studie untersuchten Wissenschaftler, ob die Anwesenheit von Gleichaltrigen die Bereitschaft, riskante Entscheidungen zu treffen, beeinflusst. Dazu sollten die Versuchspersonen in einem Fahrsimulator versuchen, das Auto so spät wie möglich zu stoppen, bevor eine rote Ampel erschien und eine Wand auftauchte. Fuhren die Versuchspersonen zu weit, rasten sie gegen die Wand und die Fahrer verloren Punkte. Schafften sie es, möglichst weit zu fahren, aber noch gerade rechtzeitig zu bremsen, so konnten sie Punkte gewinnen. Ermittelt wurde die Anzahl der riskanten Entscheidungen in drei Altersgruppen alleine und in Anwesenheit von Gleichaltrigen.

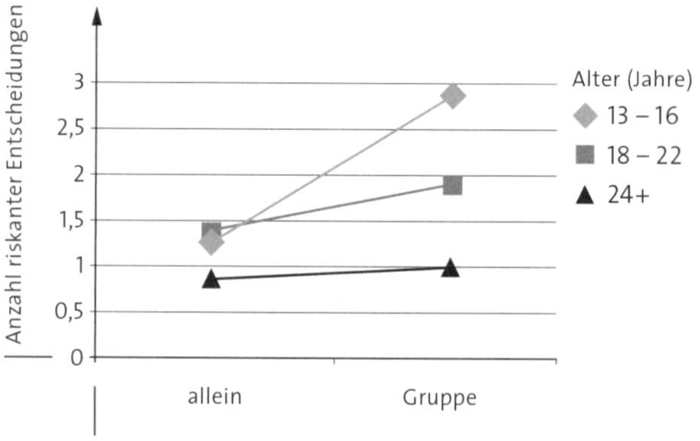

03 Risikoverhalten im Fahrsimulator

1 Fassen Sie die Aussagen des Erklärungsmodells in Material A zusammen und leiten Sie Vorhersagen im Hinblick auf die altersabhängige Fähigkeit zur Verhaltenskontrolle und zu Risikoverhalten ab! (16 Punkte)

2 Beschreiben Sie die Untersuchungsergebnisse in Material B und prüfen Sie Zusammenhänge zum Erklärungsmodell! (18 Punkte)

3 Werten Sie die Untersuchungsergebnisse zur Risikobereitschaft im Fahrsimulator aus! Diskutieren Sie das Erklärungsmodell aus Material A vor dem Hintergrund dieser Ergebnisse kritisch! (22 Punkte)

Verhalten und Kognition

Material: Ist das Risikoverhalten Jugendlicher eine Folge der Gehirnentwicklung in der Pubertät?

		Punkte
1	**Fassen Sie die Aussagen des Erklärungsmodells in Material A zusammen und leiten Sie Vorhersagen im Hinblick auf die altersabhängige Fähigkeit zur Verhaltenskontrolle und zu Risikoverhalten ab!** (Anforderungsbereiche I und III)	
–	Die Grafik in Abbildung 01 zeigt die Vorstellung der Reifung von Präfrontalkortex und limbischen Strukturen wie dem Belohnungszentrum im Laufe der Individualentwicklung. – Nach diesem Modell reifen beide Strukturen mit zunehmendem Alter bis in die Phase des frühen Erwachsenenalters. – Allerdings kommt es zu einer rascheren Reifung des limbischen Systems, während sich der Präfrontalkortex nach diesem Modell langsamer entwickelt. – Dadurch entsteht eine Diskrepanz, die während der Pubertät sehr groß ist.	8 Punkte
–	Das Modell nimmt an, dass in der Zeit der größten Diskrepanz eine besondere Risikobereitschaft vorliegt. – Das Modell macht die Vorhersage, dass während der Jugendphase die Wahrscheinlichkeit zu Risikoverhalten besonders hoch ist und im Erwachsenenalter wieder abnimmt. Die Fähigkeit zur Verhaltenskontrolle nimmt mit dem Alter zu.	4 Punkte
–	Der Präfrontalkortex fördert die Fähigkeiten zur Verhaltenskontrolle. Die limbischen Strukturen sind bei emotionalen Reaktionen beteiligt. Das Belohnungszentrum ist in der Pubertät im Vergleich zum Kontrollzentrum aktiver. – Dieses Ungleichgewicht von Belohnungserwartung und Verhaltenskontrolle soll nach diesem Modell das erhöhte Risikoverhalten Jugendlicher erklären.	4 Punkte
	Gesamtpunktzahl Aufgabe 1:	**16**
2	**Beschreiben Sie die Untersuchungsergebnisse in Material B und prüfen Sie Zusammenhänge zum Erklärungsmodell!** (Anforderungsbereiche II und III)	
–	In der fMRT-Studie wurde die Aktivität des Nucleus accumbens und des Präfrontalkortex während eines Spiels mit der Aussicht auf Gewinnsteigerung gemessen und die Differenz zur Aktivität dieser Hirnareale vor dem Spiel als Aktivitätsveränderung ermittelt. Der Versuch wurde mit Personen unterschiedlicher Altersgruppen durchgeführt.	4 Punkte
–	Bei den Versuchspersonen aller Versuchsgruppen war eine Aktivitätszunahme sowohl im Nucleus accumbens als auch im Präfrontalkortex feststellbar. – Die Ergebnisse zeigen eine deutlich größere Aktivitätssteigerung des Nucleus accumbens (des Belohnungszentrums) bei Jugendlichen als bei Kindern und Erwachsenen. – Die Aktivitätssteigerung des Präfrontalkortex war bei Kindern deutlich höher als bei Jugendlichen und Erwachsenen.	6 Punkte
–	Die große Aktivitätsveränderung des Belohnungszentrums gegenüber der der präfrontalen Kontrollareale beim Spielen der Jugendlichen entspricht den Erwartungen des Erklärungsmodells. – Allerdings findet sich auch bei Kindern und Erwachsenen eine deutliche Aktivitätszunahme im Nucleus accumbens, was die Aussagekraft des Erklärungsmodells etwas relativiert. – Die starke Aktivitätsveränderung im Präfrontalkortex bei Kindern lässt sich mit Aufmerksamkeitsprozessen in einer neuen, ungeübten Situation erklären. Das würde hier für aufgabenbezogene und nicht unbedingt für reifungsbedingte Unterschiede sprechen.	8 Punkte
	Gesamtpunktzahl Aufgabe 2:	**18**

<table>
<tr><td colspan="2">3 Werten Sie die Untersuchungsergebnisse zur Risikobereitschaft im Fahrsimulator aus! Diskutieren Sie das Erklärungsmodell aus Material A vor dem Hintergrund dieser Ergebnisse kritisch! (Anforderungsbereiche II und III)</td></tr>
<tr><td>– Untersucht wurde der Einfluss der Anwesenheit von Gleichaltrigen auf die Risikobereitschaft in einer Spielsituation. Das Risiko bestand darin, durch ein zu langes Warten in einem Fahrsimulator gegen die Wand zu fahren und Punkte zu verlieren.
– Spielten die Versuchspersonen alleine, so zeigten alle drei Altersgruppen ein eher geringes Risikoverhalten. Jugendliche zwischen 13 und 16 Jahren sowie junge Erwachsene warteten etwas länger, bevor sie bremsten, als Erwachsene. Der Unterschied war aber nicht sehr groß.
– Das Risikoverhalten änderte sich in Anwesenheit von Gleichaltrigen vor allem bei den 13- bis16-Jährigen deutlich. Ihr Risikoverhalten verdoppelte sich im Vergleich zu den 18- bis 22-Jährigen und verdreifachte sich im Vergleich zu den Erwachsenen. Das Risikoverhalten der 18- bis 22-Jährigen verdoppelte sich im Vergleich zu den Erwachsenen, deren Verhalten nahezu konstant blieb.
– Anders als erwartet, reagieren die Jugendlichen nicht in jeder Situation riskanter. Die Studie im Fahrsimulator zeigt, dass die Anwesenheit der Gleichaltrigen eine wichtige Rolle spielt. In der Versuchsbedingung „allein“ waren die Jugendlichen genauso wie die jungen Erwachsenen und Erwachsenen in der Lage, ihr Verhalten zu kontrollieren. Erst die Anwesenheit der Gruppe steigerte das riskante Verhalten.</td><td>2 Punkte

6 Punkte

4 Punkte</td></tr>
<tr><td>– Dem Erklärungsmodell entspricht das Ergebnis, dass die Erwachsenen sich unabhängig von der Anwesenheit anderer sehr ähnlich risikokontrollierend verhalten. Durch die Anwesenheit der Gruppe werden sie nicht zu einem riskanteren Verhalten verleitet. Das lässt sich mit dem Modell gut erklären. Die Kontrollinstanz Präfrontalkortex ist herangereift und kann belohnende Impulse modulieren.
– Die Unterschiede im Risikoverhalten der Jugendlichen mit und ohne Anwesenheit von Gleichaltrigen lassen sich nur zum Teil mit dem Modell erklären. Wird die Anwesenheit der Gleichaltrigen als zusätzlicher emotionaler Anreiz angesehen, dann überwiegt nun die Aussicht auf die Reaktion der Gruppe die kontrollierenden, rationalen Impulse.
– Allerdings ist offenbar die Diskrepanz der Gehirnentwicklung (Material A) keine hinreichende Bedingung für die Vorhersage von riskantem Verhalten, da in der Bedingung „alleine“ keine Unterschiede zu Erwachsenen auftraten. Das Modell kann somit nur zum Teil die Versuchsergebnisse hinreichend erklären.</td><td>4 Punkte

6 Punkte</td></tr>
<tr><td align="right">Gesamtpunktzahl Aufgabe 3:</td><td align="right">22</td></tr>
<tr><td align="right">Gesamtpunktzahl Material:</td><td align="right">56</td></tr>
</table>

Name:	
Klausur Nr.:	Datum:

Verhalten und Kognition

Material: Lernen und Plastizität des erwachsenen Gehirns

A Neuronale Plastizität

Das Lernen neuer Fähigkeiten beruht auf Veränderungen des Gehirns. Der Neuropsychologe Donald HEBB beschrieb 1949 als einer der ersten Forscher die Veränderbarkeit von Synapsen als neurobiologische Grundlage von Lernprozessen. Er vermutete, dass durch Lernen strukturelle Veränderungen der synaptischen Verbindungen entstehen, die Folgen für die Informationsübertragung haben. Alternativ diskutieren Forscher weitere Hypothesen. Eine Vermutung bezieht sich darauf, dass sich bei Lernprozessen der Myelinisierungsgrad, die Faserdichte und der Faserdurchmesser der Axone verändert. Dadurch könnte es zu einer rascheren Informationsweiterleitung und -verarbeitung im Gehirn kommen.
In der grauen Substanz des Gehirns finden sich vor allem die Zellkörper und Dendriten der Neuronen. Die weiße Substanz des Gehirns setzt sich vor allem aus myelinisierten Axonen zusammen.

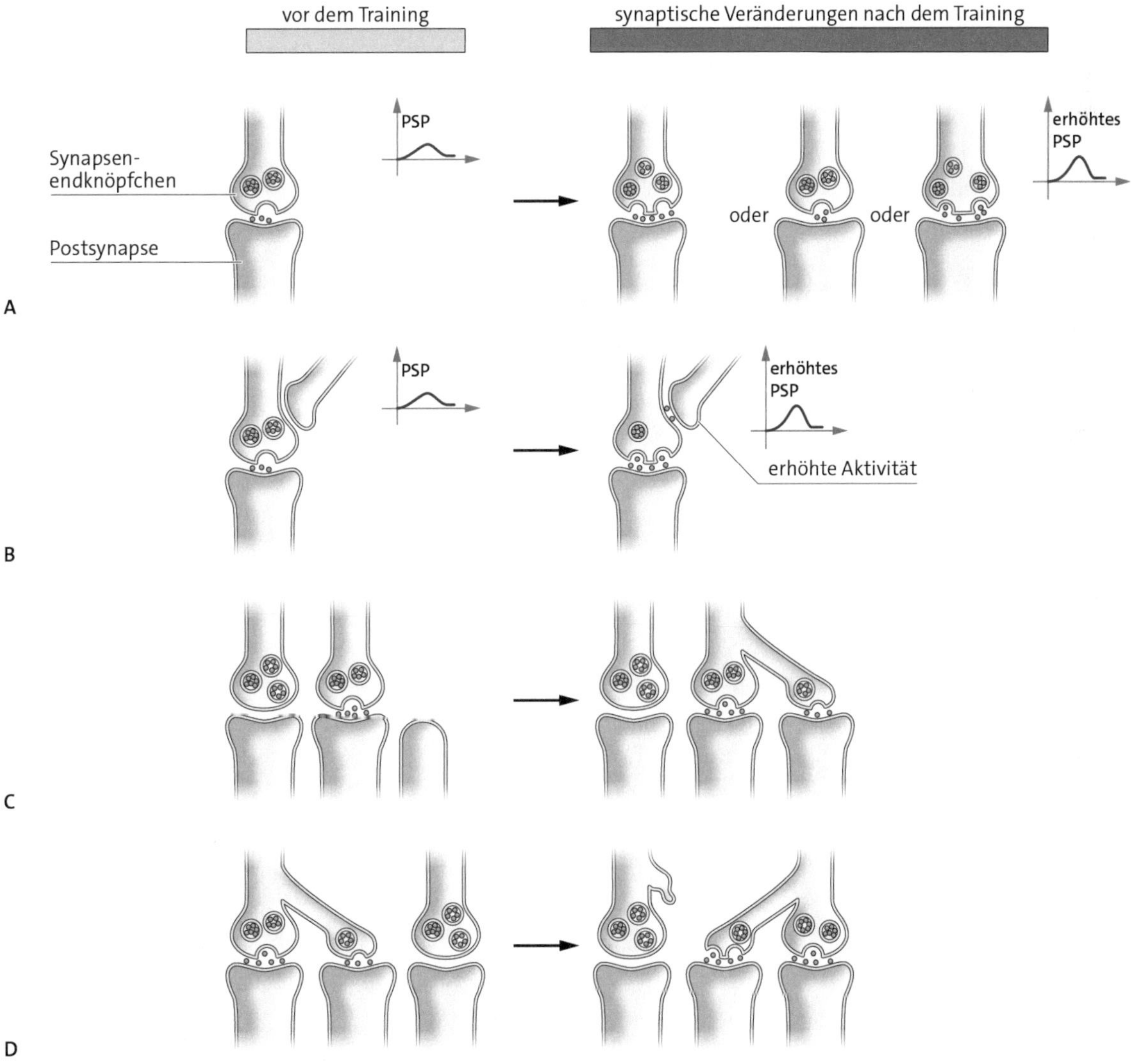

01 Modellvorstellungen zu synaptischen Veränderungen durch Training

Name:	
Klausur Nr.:	Datum:

B Einfluss des Jonglierens auf Gehirnstrukturen

Wissenschaftler gingen der Frage nach, ob das Lernen einer komplexen motorischen Fähigkeit zu nachweisbaren strukturellen und funktionellen Veränderungen im Gehirn führt. Hierzu übten 24 erwachsene Versuchspersonen ohne Vorerfahrung das Jonglieren mit drei Bällen in einem sechswöchigen, täglichen Training. Die Kontrollgruppe erhielt kein Training. Die Wissenschaftler untersuchten die Dichteveränderung der grauen Substanz in verschiedenen Gehirnbereichen der Versuchspersonen mithilfe der strukturellen Magnetresonanztomografie (MRT). Außerdem wurde der Zuwachs an Jonglage-Fähigkeiten bestimmt.
Um auch mögliche Veränderungen der weißen Substanz feststellen zu können, benutzten die Forscher ein neues bildgebendes Verfahren: das *Diffusion Tensor Imaging* (DTI). Mit diesem Verfahren lässt sich ebenfalls mithilfe von Magnetresonanz die Richtung der Diffusion von Wassermolekülen darstellen und so auch strukturelle Veränderungen der weißen Substanz ermitteln, wie zum Beispiel die Faserdichte, die Myelinisierung und der Faserverlauf.

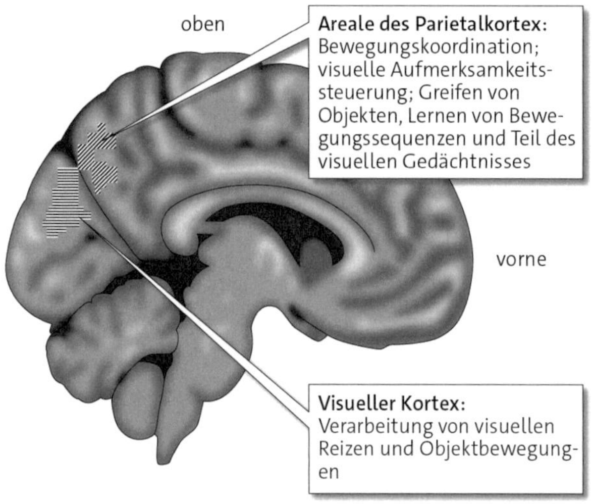

02 Dichteveränderung der grauen Substanz nach dem Training (MRT)

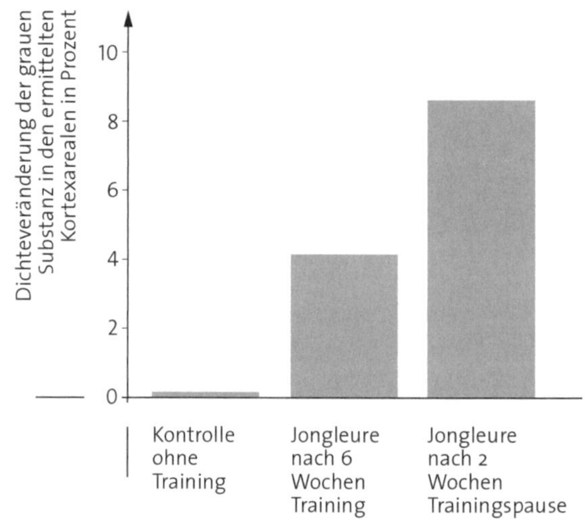

03 Ergebnis der MRT-Untersuchung

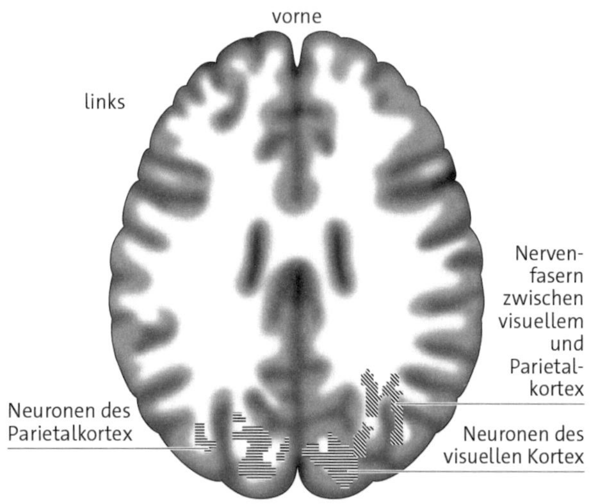

04 Strukturelle Veränderungen der grauen und weißen Substanz nach dem Training (DTI)

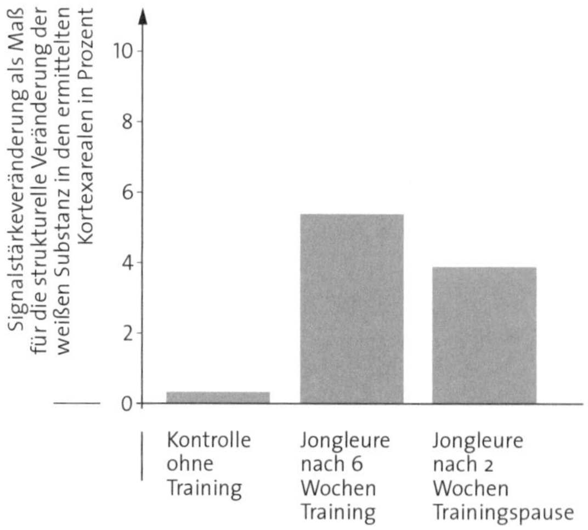

05 Ergebnis der DTI-Untersuchung

Name:	
Klausur Nr.:	Datum:

1 Werten Sie die Modellvorstellungen zur synaptischen Plastizität in Abbildung 01 aus und fassen Sie die Prinzipien der Veränderungen zusammen! (24 Punkte)

2 Werten Sie die Untersuchungsergebnisse aus und deuten Sie diese im Hinblick auf mögliche zelluläre Strukturveränderungen der grauen und der weißen Substanz! (24 Punkte)

3 Diskutieren Sie die Bedeutung der Ergebnisse hinsichtlich der Vorstellungen zum Lernen und zur Plastizität des Gehirns! (12 Punkte)

Verhalten und Kognition

Material: Lernen und Plastizität des erwachsenen Gehirns — Punkte

1 Werten Sie die Modellvorstellungen zur synaptischen Plastizität in Abbildung 01 aus und fassen Sie die Prinzipien der Veränderungen zusammen! (Anforderungsbereiche I und II)	
– Die Abbildung zeigt verschiedene schematisch dargestellte Modellvorstellungen zu möglichen synaptischen Veränderungen, die durch Lernen bedingt sind. – Ausgangssituation ist jeweils die Übertragung der Erregung an der Synapse vor dem Training. – Eine Erregung löst am Synapsenendknöpfchen das Ausschütten einer bestimmten Menge an Transmitter aus. – Die Transmitter bewirken an der postsynaptischen Membran durch Öffnung der Natriumionenkanäle eine Depolarisation, ein postsynaptisches Potenzial. – Nach dem Training kommt es zu einer stärkeren Depolarisation der postsynaptischen Membran.	8 Punkte
– Als mögliche Ursachen werden in Modellvorstellung A eine Erhöhung der ausgeschütteten Transmittermenge oder eine Vergrößerung der postsynaptischen Kontaktfläche (und damit der Anzahl der postsynaptischen Ionenkanäle) oder eine Erhöhung der ausgeschütteten Transmittermenge sowie eine Vergrößerung der prä- und postsynaptischen Kontaktfläche angenommen. Jede Option führt zu einer stärkeren Depolarisation der postsynaptischen Membran.	4 Punkte
– Die Modellvorstellung B zeigt die Wirkung eines Interneurons, das präsynaptisch Einfluss ausübt. Eine erhöhte Aktivität des präsynaptischen Interneurons bewirkt eine Steigerung der Transmitterausschüttung. – Die Modellvorstellung C zeigt, dass das Training zur Bildung neuer Synapsen führen kann. Dadurch wird die postsynaptische Membran stärker depolarisiert.	4 Punkte
– In Modellvorstellung D kommt es durch das Training zu einer Neuorganisation oder neuen Vernetzung. Synapsen, die vor dem Training genutzt wurden, fallen weg, und neue synaptische Verzweigungen werden zu den vorher genutzten Neuronen gebildet. Es kommt zu einer neuen Verknüpfung.	4 Punkte
Die Modellvorstellungen zeigen vier Möglichkeiten, wie sich trainingsbedingte synaptische Veränderungen ergeben können: Veränderung der Transmittermenge; strukturelle Veränderungen an der prä- und/oder postsynaptischen Membran; Neubildung von Synapsen und Neuverknüpfung von Synapsen.	4 Punkte
Gesamtpunktzahl Aufgabe 1:	**24**
2 Werten Sie die Untersuchungsergebnisse aus und deuten Sie diese im Hinblick auf mögliche zelluläre Strukturveränderungen der grauen und der weißen Substanz! (Anforderungsbereiche I, II und III)	
Untersuchung der grauen Substanz: – Es liegen die Ergebnisse einer MRT-Untersuchung der Dichteveränderung der grauen Substanz durch Training vor. – Nach sechs Wochen Training kam es zu einer vierprozentigen Dichteerhöhung der grauen Substanz in zwei Gehirnarealen: dem visuellen Kortex und dem Parietallappen. – Der visuelle Kortex ist an der Verarbeitung visueller Reize und der Verarbeitung von Objektbewegungen beteiligt. – Der Parietallappen ist aktiviert, wenn die Bewegungskoordination besonders der Hände gefordert ist. – In der Kontrollgruppe, die kein Jongliertraining erhielt, konnten keine Dichteveränderungen nachgewiesen werden. – Nach einer zweiwöchigen Trainingspause ließ sich in der Trainingsgruppe eine um weitere vier Prozent erhöhte Dichte in den beiden Gehirnarealen messen.	8 Punkte

Untersuchung der weißen Substanz: – Es liegen die Ergebnisse einer DTI-Untersuchung der strukturellen Veränderung der grauen und der weißen Substanz durch Training vor. – Das Ergebnis der MRT-Untersuchung wird bestätigt. Es fanden strukturelle Veränderungen der grauen Substanz im visuellen Kortex und im Parietallappen statt. – Zudem wurden nach sechs Wochen Training strukturelle Veränderungen der weißen Substanz, und zwar der Fasern (Axone) vom visuellen Kortex zu anderen Kortexbereichen wie dem Parietallappen nachgewiesen. – Die Signalstärke war nach sechs Wochen Training um etwa 5,5 Prozent erhöht. – In der Kontrollgruppe wurden keine Veränderung der Signalstärke und somit keine strukturelle Veränderung der weißen Substanz festgestellt. – Nach einer zweiwöchigen Trainingspause ist die Signalstärke noch vier Prozent höher als vor dem Training.	8 Punkte
Deutung der Strukturveränderungen der grauen Substanz: – In der grauen Substanz des Gehirns liegen vor allem Zellkörper und Dendriten und Verknüpfungen durch Synapsen. – Die Dichtezunahme kann als ein Hinweis auf strukturelle synaptische Veränderungen durch das Training angesehen werden: eine Zunahme von Synapsen durch Neubildung oder eine Vergrößerung von synaptischen Bereichen sowie eine stärkere dendritische Vernetzung. *Deutung der Strukturveränderungen der weißen Substanz:* – Die weiße Substanz enthält vor allem Axone. Diese können unterschiedlich myelinisiert sein. – Möglicherweise ist die nachgewiesene Strukturveränderung eine Folge einer stärkeren Myelinisierung. Das würde die Verarbeitung von Informationen beschleunigen.	4 Punkte 4 Punkte
Gesamtpunktzahl Aufgabe 2:	**24**
3 Diskutieren Sie die Bedeutung der Ergebnisse hinsichtlich der Vorstellungen zum Lernen und zur Plastizität des Gehirns! (Anforderungsbereich III)	
– Unter Plastizität wird die Fähigkeit des Gehirns verstanden, sich in Anatomie und Funktion zu verändern. Das kann auf unterschiedlichen Ebenen geschehen und betrachtet werden: Veränderungen an den Synapsen, Veränderungen an den Neuronen, Veränderungen von Hirnarealen. – In dem Experiment konnte gezeigt werden, dass sich Hirnregionen durch Lernprozesse im Erwachsenenalter in ihrer Struktur verändern. Die genauen zugrundeliegenden zellulären Mechanismen können mit dieser Studie jedoch nicht ermittelt werden. – Es zeigt sich, dass bereits ein kurzzeitiges Training einer neuen motorischen Aufgabe zu lokalen Strukturveränderungen in der grauen und weißen Substanz führt. – Dies unterstützt die Vorstellungen von einer lernbedingten Neuroplastizität des menschlichen Gehirns auch nach der Kindheit und Jugend. – Die DTI-Untersuchung macht deutlich, dass neben den von HEBB angenommenen synaptischen Veränderungen in der grauen Substanz auch von Veränderungen der weißen Substanz ausgegangen werden muss. – Die DTI-Untersuchung zeigt auch, dass Trainingseffekte auch wieder verloren gehen können.	12 Punkte
Gesamtpunktzahl Aufgabe 3:	**12**
Gesamtpunktzahl Material:	**60**

Name:	
Klausur Nr.:	Datum:

Verhalten und Kognition

Material: Neuroenhancer

A Amphetamine gegen Leistungsdruck

In den letzten Jahren wird vermehrt über die Nutzung von Wirkstoffen zur Erhöhung der geistigen Leistungsfähigkeit berichtet. Besonders an Universitäten sind solche Neuroenhancer in Abhängigkeit vom persönlich empfundenen Leistungsdruck weit verbreitet. Aber auch Menschen, die sich den Leistungsanforderungen ihres Alltags- oder Berufslebens nicht mehr gewachsen fühlen, angefangen bei Schülern über junge Eltern bis hin zu Chirurgen, greifen dazu. Zur erwünschten Leistungssteigerung werden meistens Wirkstoffe aus der Gruppe der Amphetamine konsumiert, zu denen auch der Wirkstoff der Designerdroge Crystal Meth gehört. Erfahrungsberichte von Amphetamin-Konsumenten zeigen, dass „Gehirndoping" nicht intelligenter macht, aber die Konzentrationsfähigkeit, die Dauer der Aufmerksamkeitsphasen und die Aufnahmefähigkeit gesteigert werden. Allerdings berichten Nutzer auch von sich entwickelnden Abhängigkeiten, Erinnerungsschwierigkeiten, Stimmungsschwankungen, Schlafstörungen und Appetithemmung. Weiterhin werden eine Steigerung des Blutdrucks und dadurch mögliche Schädigungen des Herzens und der Blutgefäße sowie eine erhöhte Reizbarkeit beobachtet. Die körperlichen und psychischen Auswirkungen von Crystal Meth gehen weit darüber hinaus.

Bei intensivem Konsum von Amphetaminen werden soziale Kontakte immer mehr vernachlässigt und Freundschaften zerbrechen, da für die Nutzer nur noch ihre Arbeit existiert und Studenten im Lernen versinken. Langzeitfolgen für das Gehirn sind noch nicht erforscht. Die Einnahme von Amphetaminen fällt in Deutschland unter das Betäubungsmittelgesetz, da die Wirkstoffe ähnlich wirken wie einige illegale Drogen und daher nur bei einer entsprechenden Diagnose ärztlich verordnet werden dürfen.

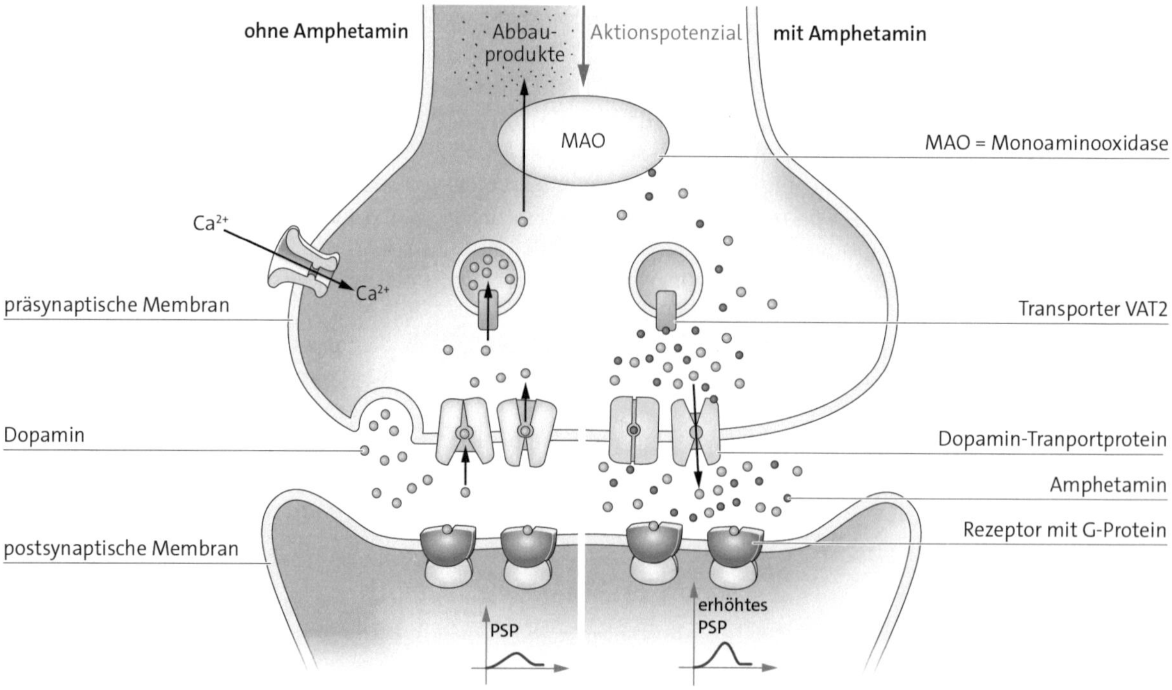

01 Schema einer dopaminergen Synapse mit und ohne Amphetamineinfluss

Name:	
Klausur Nr.:	Datum:

B Wirkung von Dopamin und Noradrenalin

Die Neurotransmitter Dopamin und Noradrenalin aktivieren den Sympathikus, der auch dafür verantwortlich ist, den Körper in einen Zustand höchster Aufmerksamkeit in Gefahrensituationen zu versetzen. Diese Stressreaktion ist in lebensgefährlichen Situationen äußerst wichtig und bereitet den Körper auf die enorme Belastung einer plötzlichen Flucht oder eines Kampfes vor, indem beispielsweise der Blutdruck und die Sauerstoffaufnahme erhöht sowie die letzten Kraftreserven mobilisiert werden und die höchste Aufmerksamkeit auf ein bestimmtes Ereignis gelenkt wird.

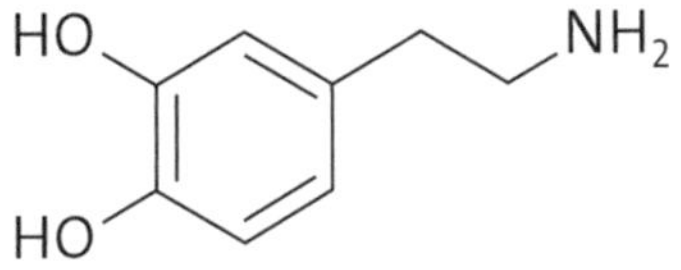

A

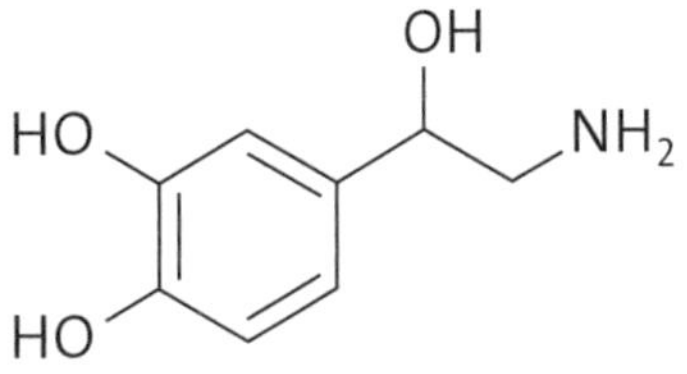

B

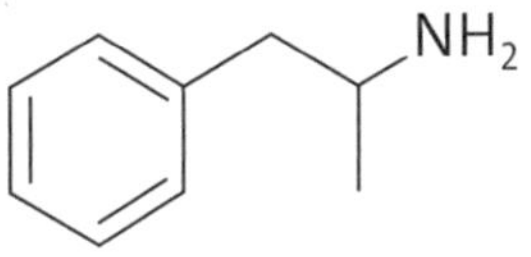

C

02 Strukturformel: A Dopamin, B Noradrenalin, C Amphetamin

C Wettbewerbsverzerrung

Bezogen auf die universitären Prüfungsverfahren wird Kritik daran geübt, dass der zweckentfremdete Gebrauch von Medikamenten die prinzipielle Chancengleichheit unterläuft, nach der alle Menschen bei gleichen Fähigkeiten die gleichen Aufstiegschancen haben sollen. Mit Neuroenhancern können sich Menschen Vorteile verschaffen, die ihnen dazu verhelfen, Erfolge schneller und besser zu erzielen als Menschen, die diese Medikamente nicht missbraucht haben. Eine erhebliche Verkürzung der Lern- und Vorbereitungszeit gegenüber einem Studierenden ohne medikamentöse Unterstützung ist vergleichbar mit der Wettbewerbsverzerrung bei Doping im Sport. Durchschnittliche Studierende erfahren durch die Neuroenhancer größere Effekte als überdurchschnittliche. Andererseits plädieren einige amerikanische Wissenschaftler für eine verantwortungsvolle Freigabe der Neuroenhancer auch für Gesunde, da ihrer Meinung nach Mittel, die die Hirnfunktion verbessern, begrüßenswert erscheinen, und die Menschen auch heute schon viele unnatürliche Mittel nutzen, um ihre Leistungen zu verbessern. Daher könne man dies auch legalisieren.

1 Beschreiben Sie die Signalweiterleitung an einer dopaminergen Synapse und die Auswirkungen der Amphetamineinnahme auf diesen Ablauf! (22 Punkte)

2 Erläutern Sie ausgehend von der molekularen Wirkung des Amphetamins, wie es zu der leistungssteigernden Wirkung kommt! (16 Punkte)

3 Nehmen Sie Stellung zur Kritik an der Nutzung der Neuroenhancer! (14 Punkte)

Verhalten und Kognition

Material: Neuroenhancer

		Punkte
1	**Beschreiben Sie die Signalweiterleitung an einer dopaminergen Synapse und die Auswirkungen der Amphetamineinnahme auf diesen Ablauf!** (Anforderungsbereiche I und II)	
–	Erreicht ein Aktionspotenzial die präsynaptische Membran, wird diese depolarisiert, sodass sich spannungsgesteuerte Kalziumionenkanäle öffnen.	10 Punkte
–	Durch den folgenden Kalziumioneneinstrom entlang des Konzentrationsgradienten erhöht sich die Kalziumionenkonzentration im Zellinneren, sodass synaptische Vesikel mit der Zellmembran der präsynaptischen Endigung verschmelzen und der Neurotransmitter Dopamin per Exozytose in den synaptischen Spalt ausgeschüttet wird.	
–	Die Dopaminmoleküle diffundieren zur postsynaptischen Membran und binden dort an spezifische Rezeptoren. Dies hat zur Folge, dass sich ligandengesteuerte Ionenkanäle öffnen und ein postsynaptisches Potenzial erzeugt wird.	
–	An der postsynaptischen Membran werden Dopaminmoleküle durch ein aktives Transportsystem wieder über die präsynaptische Membran in das Zellinnere des Synapsenendknöpfchens transportiert.	
–	Über das Membranprotein VAT2 werden Dopaminmoleküle wieder in synaptische Vesikel aufgenommen.	
–	Weitere Moleküle werden von der mitochondrialen Monoaminooxidase abgebaut.	
–	Der Ablauf vom ankommenden Aktionspotenzial bis zur Ausschüttung des Dopamins in den synaptischen Spalt und der Erzeugung eines postsynaptischen Potenzials bleibt trotz Amphetaminwirkung unverändert.	2 Punkte
–	Doch bei der Rückführung und dem Abbau des Dopamins ergeben sich deutliche Veränderungen durch den Einfluss des Amphetamins.	10 Punkte
–	Dieses ähnelt in seinem molekularen Aufbau dem Dopamin sehr und bindet daher ebenfalls an das Transportprotein in der präsynaptischen Membran und hemmt so kompetitiv die Aufnahme des Dopamins aus dem synaptischen Spalt.	
–	Die Bindung des Amphetamins verändert außerdem den Transporter so, dass er wie ein Kanalprotein wirkt und so weitere Dopaminmoleküle in den synaptischen Spalt freigesetzt werden.	
–	In der Präsynapse hemmt Amphetamin sowohl das Membranprotein VAT2 als auch die Monoaminooxidase, sodass Dopamin weder in Vesikeln gespeichert noch abgebaut wird.	
	Gesamtpunktzahl Aufgabe 1:	**22**
2	**Erläutern Sie ausgehend von der molekularen Wirkung des Amphetamins, wie es zu der leistungssteigernden Wirkung kommt!** (Anforderungsbereiche II und III)	
–	Die kompetitive Hemmung des Transportproteins in der präsynaptischen Membran durch Amphetamin führt dazu, dass die Dopaminkonzentration im synaptischen Spalt weniger schnell abnimmt.	10 Punkte
–	Durch die Umwandlung des Transportproteins in ein Kanalprotein wird die Dopaminkonzentration im synaptischen Spalt noch erhöht, zumal die Dopaminmoleküle durch Hemmung des Membranproteins VAT2 und des Enzyms MAO im Zellinneren des Synapsenendknöpfchens nicht in Vesikel gespeichert bzw. nicht abgebaut werden.	
–	Daraus resultiert eine hohe Konzentration des Dopamins im Zytoplasma der Zelle, wodurch die Diffusion in den synaptischen Spalt begünstigt wird.	
–	All diese Effekte führen also insgesamt zu einer erhöhten Dopaminkonzentration im synaptischen Spalt und dadurch zu einer erhöhten Intensität der Erregungsweiterleitung.	
–	Durch eine intensivierte Erregungsweiterleitung an dopaminergen und noradrenergen Synapsen im Sympathikus wird dieser stark stimuliert und damit der Körper in einen Zustand höchster Aufmerksamkeit versetzt.	6 Punkte

	- Dies entspricht den Erfahrungsberichten, in denen dem Amphetamin eine konzentrationsfördernde und aufmerksamkeitssteigernde Wirkung zugeschrieben wird.	
	Gesamtpunktzahl Aufgabe 2:	**16**
3	**Nehmen Sie Stellung zur Kritik an der Nutzung der Neuroenhancer!** (Anforderungsbereich III)	
	- Die illegale zweckentfremdete Nutzung von Neuroenhancern erscheint aufgrund der negativen gesundheitlichen Folgen wie Abhängigkeit, Erinnerungsschwierigkeiten, Stimmungsschwankungen, Schlafstörungen, Appetithemmung, Blutdrucksteigerung sowie erhöhte Reizbarkeit nicht ratsam, zumal auch Langzeitfolgen für das Gehirn nicht erforscht sind. - Es werden auch negative Auswirkungen auf das Sozialverhalten beschrieben, da Freundschaften vernachlässigt werden und Nutzer sich sozial isolieren. - Dass Menschen sich veranlasst sehen, derartige Medikamente zweckentfremdet einzunehmen, weil sie sich den Anforderungen des Berufs- oder Alltagslebens nicht gewachsen fühlen, wirft Kritik an unserer Leistungsgesellschaft auf, in der Menschen immer stärker gefordert werden. Der Griff zur Pille bei Überforderung markiert einen Weg in die Abhängigkeit von psychoaktiven Substanzen. - Die Chancengleichheit ist ebenfalls durch die Nutzung von Neuroenhancern beeinträchtigt. Doch wird diese auch ohne Neuroenhancer beispielsweise durch den besseren Zugang zu Bildungsangeboten für wohlhabendere Menschen in Frage gestellt. - Unter ethischen Gesichtspunkten ist zu beachten, dass durch diese Mittel eine Leistungs- und Anforderungsspirale in Gang gesetzt wird, deren Folgen für die Ausbildungs- und Arbeitswelt nicht abzusehen sind, da der Druck auf Absolventen, aber auch ältere Beschäftigte steigt, um jeweils konkurrenzfähig zu bleiben.	8 Punkte
	- Eine verantwortungsvolle Freigabe der Medikamente auch für Gesunde könnte dazu führen, dass die Mittel kontrollierter, unter ärztlicher Aufsicht eingenommen werden und aus der Illegalität herausgeführt werden. - Die Möglichkeit der Überbrückung von Lebensphasen mit besonders hohen Leistungsanforderungen könnte vielleicht Wege in die Abhängigkeit vermeiden. - Die Medikamente allein sind nicht das Problem, vielmehr ist es der Umgang mit den Herausforderungen der Lebens- und Arbeitswelt unserer Gesellschaft. *Das persönliche Werturteil fällt individuell unterschiedlich aus. Bewertungsrelevant ist die sachlogische Struktur der Argumentation, die Pro- und Kontraargumente berücksichtigen muss.*	6 Punkte
	Gesamtpunktzahl Aufgabe 3:	**14**
	Gesamtpunktzahl Material:	**52**

Name:	
Klausur Nr.:	Datum:

Verhalten und Kognition

Material: Sprache und Gene

A Genetische Ursachen von Sprachstörungen

Anfang der 1990er-Jahre konnten Wissenschaftler mithilfe von Familienstammbäumen nachweisen, dass eine bestimmte Form der Sprachstörung, die verbale Entwicklungsdyspraxie (englisch: *developmental verbal dyspraxie*, kurz DVD), genetisch bedingt ist. Erste Hinweise lieferte eine Großfamilie, in denen sich der Sprach- und Sprechdefekt bis zu den Urgroßeltern zurückverfolgen ließ. Besondere Schwierigkeiten bereitete den Betroffenen die Artikulation von Wörtern, obwohl sie ansonsten keine weiteren motorischen Beeinträchtigungen aufwiesen und ihr Hörvermögen normal ausgebildet war. Auch der IQ aller sprachbehinderten Personen war durchschnittlich. Weitere genetische Analysen ergaben, dass bei der Großfamilie ein Gen namens $FOXP_2$ auf Chromosom 7 mutiert war.
Inzwischen wurden auch bei weiteren Menschen mit spezifischen Sprachbehinderungen $FOXP_2$-Gendefekte entdeckt. Erstaunlicherweise scheint $FOXP_2$ nicht nur beim Menschen essentiell für die Sprachfähigkeit zu sein. Man findet hohe Aktivitäten des Genprodukts zum Beispiel auch bei anderen Primaten, bei Singvögeln und sogar bei Krokodilen. Vermutlich ist es bei vielen Tieren für die Kommunikation durch Laute verantwortlich.

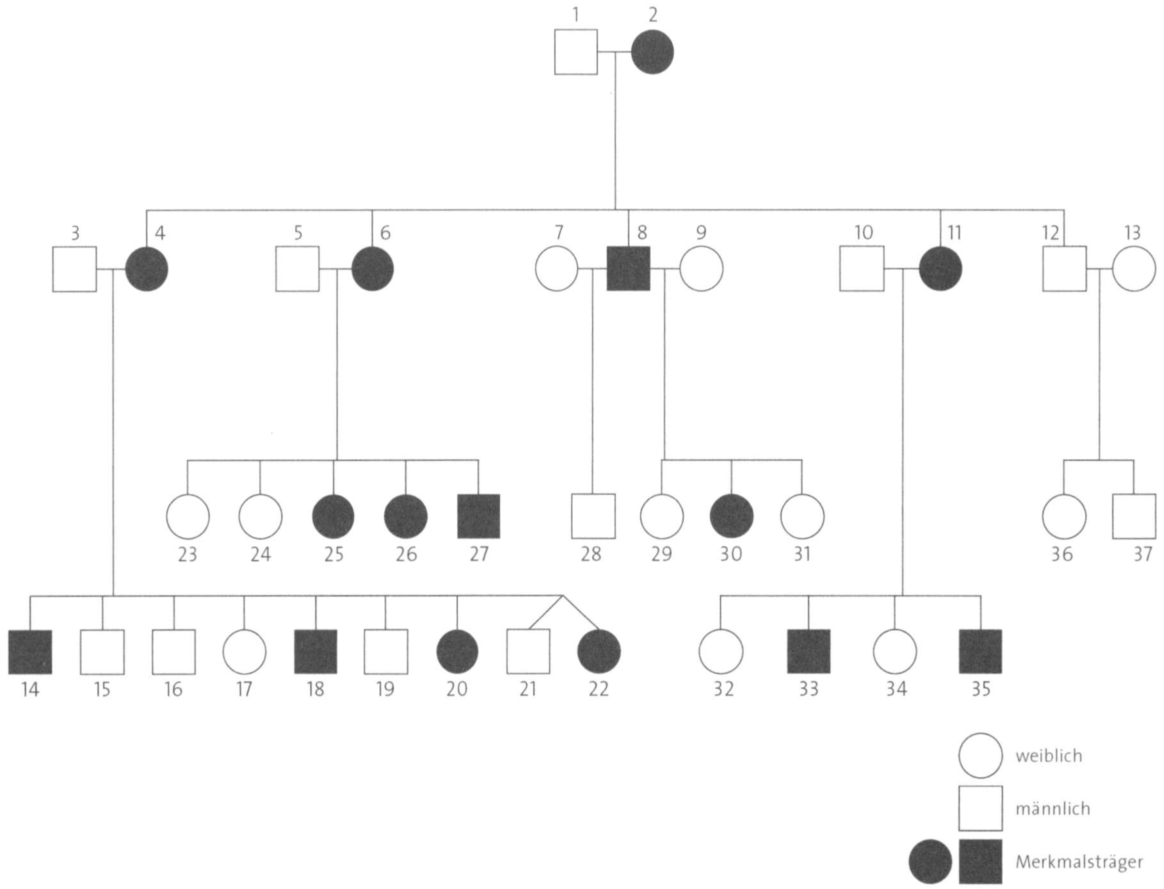

01 Stammbaum der Großfamilie mit DVD

Name:	
Klausur Nr.:	Datum:

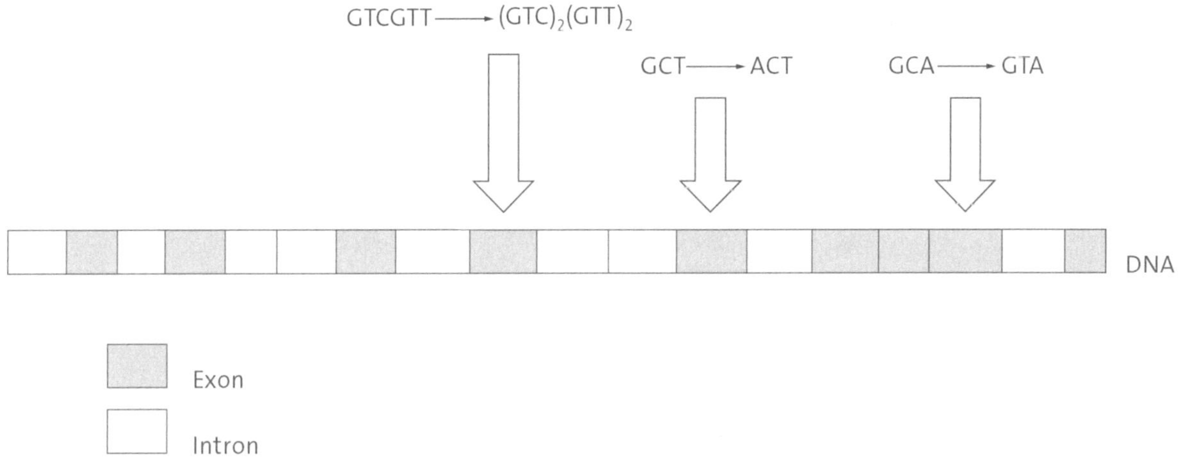

02 FOXP$_2$*-Genabschnitt und nachgewiesene Mutationen bei Personen mit DVD (Schema)*

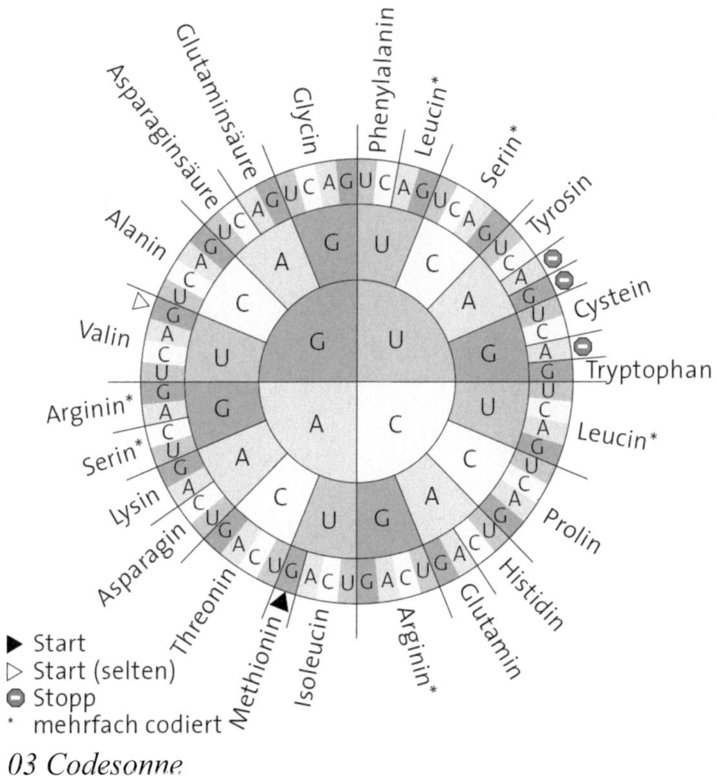

03 Codesonne

B Sprachtests bei Patienten mit DVD

Sprachstörungen lassen sich mit verschiedenen psychologischen Testverfahren untersuchen. Hierzu gehören unter anderem der Wortwiederholungstest und der Wortflüssigkeitstest. Beim Wortwiederholungstest müssen die Versuchspersonen einfache beziehungsweise komplexe Wörter wiederholen, die ihnen zuvor dargeboten oder genannt wurden. Beim Wortflüssigkeitstest wird überprüft, wie flüssig Personen eine Reihe von Wörtern schreiben beziehungsweise sprechen können. Beim semantischen Wortflüssigkeitstest müssen die Versuchspersonen möglichst viele Wörter hintereinander nennen, die ihnen zu einer bestimmten Kategorie, zum Beispiel Obst, einfallen. Beim phonetischen Wortflüssigkeitstest Test müssen sie sinnvolle Sätze mit möglichst vielen Wörtern bilden. Diese Tests wurden auch mit Personen der betroffenen Großfamilie durchgeführt.

Name:	
Klausur Nr.:	Datum:

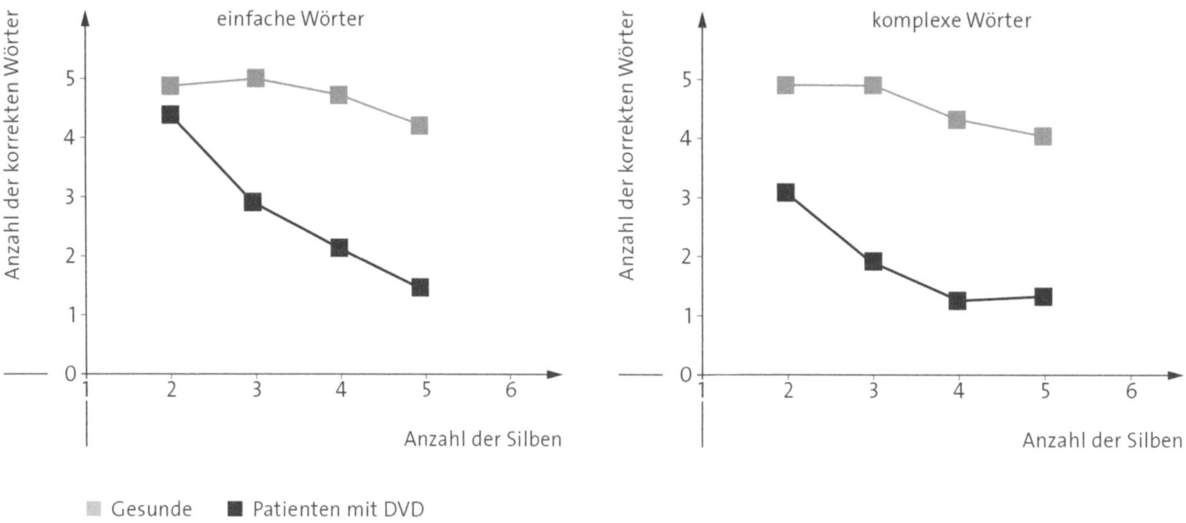

04 Ergebnis eines Wortwiederholungstests

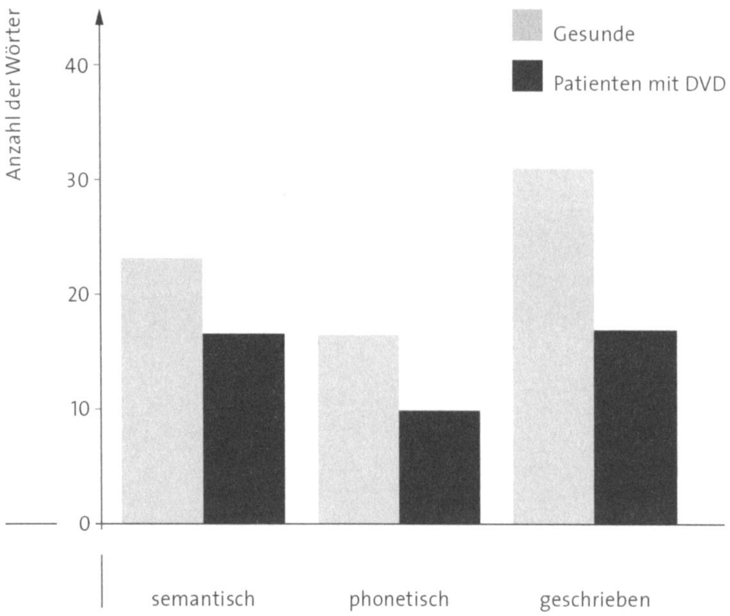

05 Ergebnis eines Wortflüssigkeitstests

C FOXP$_2$ *und die Neuroanatomie von Sprache*

Wofür *FOXP$_2$* codiert, testen Forscher schon seit mehreren Jahren. Einige Anhaltspunkte liefern die Eigenschaften des entsprechenden Genprodukts. Beim *FOPX$_2$*-Protein handelt es sich um einen Transkriptionsfaktor. Dieser dient als An- und Ausschalter für zahlreiche Zielgene. Bei Patienten mit Sprachstörung werden die Zielgene zum Teil falsch oder überhaupt nicht reguliert. Welche und wie viele Zielgene genau betroffen sind, ist noch weitgehend unbekannt. Eine Größenordnung von bis zu 1000 Genen ist aber sehr wahrscheinlich.

Name:	
Klausur Nr.:	Datum:

Neuroanatomische Analysen bei Menschen mit dem spezifischen Sprachdefekt und Mutationen im *FOPX*$_2$-Gen weisen im Vergleich zu gesunden Menschen reduzierte Aktivitäten in spezifischen Gehirnregionen auf:

- im Kleinhirn,
- im Nucleus caudatus, der eine wichtige Rolle bei der visuellen Worterkennung von geschriebenen Wörtern spielt, und
- im unteren Frontalkortex, der neben weiteren Regionen das Sprachverstehen steuert.

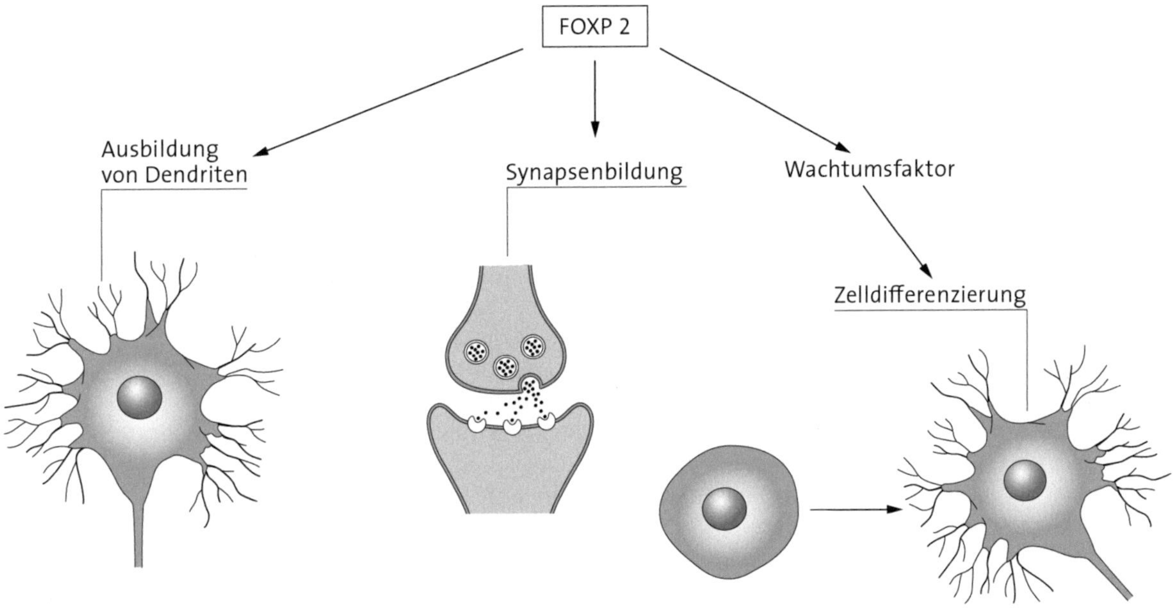

06 Wirkung von FOXP$_2$ *auf die Gehirnentwicklung*

1 Ermitteln Sie anhand des Stammbaums den Erbgang für die verbale Entwicklungsdyspraxie, indem Sie andere Erbgänge begründet ausschließen, und geben Sie die möglichen Genotypen an! Erläutern Sie anschließend mithilfe der Abbildung 02, welche Mutationstypen im *FOXP*$_2$-Genabschnitt nachgewiesen wurden und welche Folgen diese Mutationen auf die Funktion von Proteinen haben könnten! (18 Punkte)

2 Beschreiben Sie die Ergebnisse der Sprachtests von Personen mit verbaler Entwicklungsdyspraxie und vergleichen Sie deren Sprachfähigkeit mit der gesunder Personen! (18 Punkte)

3 Erläutern Sie anhand eines Modells zur Sprachverarbeitung, wie bei gesunden Personen Sprache im Gehirn verarbeitet wird, und erörtern Sie mithilfe des Materials, welche Auswirkungen Mutationen im *FOXP*$_2$-Gen auf die Sprachverarbeitung haben! Nehmen Sie hierbei Bezug zum Modell der Sprachverarbeitung! (26 Punkte)

Verhalten und Kognition

Material: Sprache und Gene

Punkte

1 Ermitteln Sie anhand des Stammbaums den Erbgang für die verbale Entwicklungsdyspraxie, indem Sie andere Erbgänge begründet ausschließen, und geben Sie die möglichen Genotypen an! Erläutern Sie anschließend mithilfe der Abbildung 02, welche Mutationstypen im $FOXP_2$-Genabschnitt nachgewiesen wurden und welche Folgen diese Mutationen auf die Funktion von Proteinen haben könnten! (Anforderungsbereiche I und II)

- Es handelt sich um einen autosomal dominanten Erbgang.
- Beide Geschlechter sind betroffen, es kann also kein gonosomaler Erbgang sein.
- In jeder Generation gibt es erkrankte Personen, es kann also kein rezessiver Erbgang sein.

4 Punkte

- Alle gesunden Personen sind homozygot bezüglich des rezessiven Allels und weisen den Genotyp aa auf.
- Alle erkrankten Personen sind heterozygot und weisen den Genotyp Aa auf.

4 Punkte

- Die Abbildung 02 zeigt Introns und Exons eines Abschnitts des $FOXP_2$-Gens sowie verschiedene Mutationen in diesem Abschnitt:
- Bei der Mutation GTCGTT → $(GTC)_2(GTT)_2$ handelt es sich um eine Insertion. Dabei werden zusätzliche Nukleotide in die DNA eingebaut. Dadurch verschiebt sich der Triplett-Takt, sodass sich der Informationsgehalt der DNA verändert. Diese Leseraster-Mutation ist mit einem Funktionsverlust von $FOXP_2$ verbunden.
- Die Mutation GCT → ACT ist eine Nonsense-Mutation. In diesem Fall wird in der mRNA die Base Cytosin gegen Uracil ausgetauscht, sodass ein Stoppcodon (UGA) entsteht. Statt des Einbaus der Aminosäure Arginin stoppt die Translation und das Protein wird nicht vollständig synthetisiert.
- Die Mutation GCA → GTA ist eine Missense-Mutation. In diesem Fall wird in der mRNA die Base Guanin gegen Adenin ausgetauscht. Statt der Aminosäure Arginin wird Histidin in das Protein eingebaut. Dies ist ebenfalls mit einem Funktionsverlust des Proteins verbunden.

10 Punkte

Gesamtpunktzahl Aufgabe 1: 18

2 Beschreiben Sie die Ergebnisse der Sprachtests von Personen mit verbaler Entwicklungsdyspraxie und vergleichen Sie deren Sprachfähigkeit mit der gesunder Personen! (Anforderungsbereich II)

- Abbildung 04 zeigt das Ergebnis eines Wortwiederholungstests, bei dem die Probanden (Menschen mit verbaler Entwicklungsdyspraxie und gesunde Menschen) Wörter mit unterschiedlicher Silbenanzahl wiederholen sollten. Dabei wurde zwischen einfachen und komplexen Wörtern unterschieden.
- Bei Menschen mit verbaler Entwicklungsdyspraxie sinkt die Anzahl richtig wiedergegebener einfacher Wörter deutlich mit zunehmender Silbenanzahl von etwa 4,5 auf etwa 1,5 Wörter.
- Auch die Anzahl richtig wiedergegebener komplexer Wörter sinkt mit zunehmender Silbenanzahl von etwa 3 auf knapp 1,5 Wörter.
- Abbildung 05 zeigt das Ergebnis eines Wortflüssigkeitstests, bei dem die Probanden (Menschen mit verbaler Entwicklungsdyspraxie und gesunde Menschen) möglichst viele Wörter aus einer Kategorie (semantisch) flüssig nennen, einen Satz mit möglichst vielen Wörtern flüssig formulieren (phonetisch) oder einen Text flüssig formulieren sollten.
- Bei Menschen mit verbaler Entwicklungsdyspraxie liegt die Anzahl der genannten Wörter im semantischen Test bei etwa 16.
- Sie bildeten im phonetischen Test einen Satz mit etwa 10 Wörtern.
- Der geschriebene Text umfasste etwa 16 Wörter.

10 Punkte

– Der Wortwiederholungstest zeigt deutlich, dass die Patienten wesentlich weniger Wörter als Gesunde nachsprechen können. Dies ist umso gravierender, je mehr Silben das Wort enthält. So ist die Anzahl korrekt nachgesprochener Wörter mit fünf Silben (einfache und komplexe) bei den Patienten im Vergleich zu den Gesunden um zwei Drittel reduziert. – Während einfache zweisilbige Wörter von Patienten und Gesunden annähernd gleich gut nachgesprochen werden, ist die Anzahl komplexer zweisilbiger Wörter bei den Patienten etwa ein Drittel kleiner als bei den Gesunden. – Der Wortflüssigkeitstest zeigt ebenso, dass die Patienten im Vergleich zu Gesunden wesentlich schlechter abschneiden. Sowohl im semantischen als auch im phonetischen Test können Gesunde etwa ein Drittel mehr Wörter nennen bzw. in einem Satz formulieren. Beim Schreiben eines Textes verwenden gesunde fast doppelt so viele Wörter wie die Patienten.	8 Punkte
Gesamtpunktzahl Aufgabe 2:	**18**
3 Erläutern Sie anhand eines Modells zur Sprachverarbeitung, wie bei gesunden Personen Sprache im Gehirn verarbeitet wird, und erörtern Sie mithilfe des Materials, welche Auswirkungen Mutationen im *FOXP₂*-Gen auf die Sprachverarbeitung haben! Nehmen Sie hierbei Bezug zum Modell der Sprachverarbeitung! (Anforderungsbereiche II und III)	
– Ein in der Neurowissenschaft allgemein anerkanntes Modell für die Sprachverarbeitung geht davon aus, dass unterschiedliche Aufgaben im Zusammenhang mit Sprache in spezifischen Arealen des Großhirns verarbeitet werden. – Schlüsselelemente sind das Broca- und das Wernicke-Areal, eine Gehirnregion, die beide Hirnareale miteinander verbindet, sowie der Gyrus angularis. – Außerdem sind sensorische Kortexareale beim Hören und Lesen von Sprache beteiligt und motorische Areale beim Sprechen. – Gelesene Wörter werden dabei in Hirnregionen verarbeitet, die auch bei visuellen Prozessen eine Rolle spielen, gehörte Wörter dagegen in auditorischen Hirnregionen. – In beiden Fällen erfolgt dann die weitere Verarbeitung in der linken Großhirnhälfte vom Wernicke-Areal über das Broca-Areal zum Motorkortex.	10 Punkte
– Bei Patienten mit DVD zeigen anscheinend die Regionen, die üblicherweise für das Sprechen zuständig sind, eine verringerte Aktivität. Besonders betroffen sind der Nucleus caudatus, der untere Frontalkortex und das Kleinhirn. – Diese Regionen spielen neben den im Modell beschriebenen Kortexarealen eine wesentliche Rolle beim Sprachverständnis und der Sprachproduktion. – Dies erklärt z. T. die Artikulationsschwierigkeiten der Patienten. – Auf molekularer Ebene lässt sich sagen, dass *FOXP₂* eine zentrale Rolle bei der Gehirnentwicklung einnimmt: – Das Genprodukt von *FOXP₂* reguliert als Transkriptionsfaktor die Transkription zweier Proteine, die die Synapsenbildung regulieren. – Weiterhin reguliert es die Transkription eines Wachstumsfaktors, der wiederum die Differenzierung von Neuronen beeinflusst. – Zudem beeinflusst das Genprodukt von *FOXP₂* die Bildung von Dendriten. – Vermutlich werden diese Prozesse insbesondere in Hirnregionen beeinflusst, die mit der Sprachverarbeitung in Zusammenhang gebracht werden können.	8 Punkte 8 Punkte
Gesamtpunktzahl Aufgabe 3:	**26**
Gesamtpunktzahl Material:	**62**

Bildquellenverzeichnis

Titel:	Pfeilgiftfrosch: Vario-Images/Design Pics
Seite 3:	Nervensystem Mensch: GlowImages/Super-Stock Mädchen mit Luftballon: Shutterstock/Sergey Dolgikh Schimpanse mit Spiegel: Fotolia/lifeonwhite.com
Seite 39:	Hornveilchen: Fotolia/tsach

Notizen

Notizen

Notizen

Notizen

✎